よみがえれ
里山・里地・里海

里山・里地の変化と保全活動

重松敏則＋JCVN〈編〉

築地書館

はしがき

　『市民による里山の保全・管理』を平成3年（1991）に刊行して、早くも19年が経過した。当時は類書がなかったので、市民参加の里山活動に取り組む方々から「活動のバイブル」とまで言われていることを伝え聞き、胸が熱くなった。また、行政の担当者や環境・緑地計画分野のコンサルタントからも、「業務に役立っています」と言われ、嬉しかった。2年後に3人の共著で『里山の自然をまもる』を刊行した縁で、築地書館の土井二郎氏から里山にかかわる本の執筆を依頼されたが、多忙と体力不足で実現しないままだった。その間に里山は生物多様性保全と持続的な資源利用が両立するものとして社会的に評価され、各地で研究や市民活動が盛んに行われるようになって、多数のガイド本や専門書も刊行された。「里地」「里海」の呼称も生まれ、Satoyamaは国際語ともなった。

　目を閉じると、多数の生き物と触れ合えた美しいふるさとの里山や小川の風景、そして木炭バスや木炭トラックに乗って出かけた、瀬戸内海の白砂青松の浜辺の風景がよみがえる。毎年、夏になると祖父母に連れられ、自家産の米と味噌、醤油を携行して、浜辺の松林の中に点々と軒を連ねる小屋を借りて1月ほど自炊生活したのだった。新鮮な野菜は近くの農家が売りに来るし、魚は漁師さんが毎朝小舟を浜に乗りつけるから、獲れたてのピチピチ跳ねるのが買える。祖父母は石風呂で湯治（浜辺の岩壁に横穴があり、管理人が多量の柴を焚いて燃え尽きると、湯治客はそれぞれ海水に浸したほぼ50cm四方のむしろを、おき火の上に敷いて座り、立ち上る蒸気を利用した日本式サウナ）し、子供の筆者は日がな浜辺で遊ぶ。ある日、潮がひいた砂浜を手で掘ると小さな青い宝石のようなものが見え、「おおっ」と胸がわくわくしたが、さらに掘ると大きなエビが躍り出た。宝石はクルマエビの目だったのだ。また、砂浜のずっと向こうに見える磯を越えると泥の入江が広がり、その日も干潮時で水深5cmほどの入江を歩くと、小魚

の群れが泥水をあげて逃げまどい、中には筆者の足指の間に突っ込んでくるものも少なくない。足指に力を込めて上げると、それは小さなメイタカレイだった。今から考えると里海そのものだったのだ。

筆者は長年にわたり、そのような里山・里地、川、里海を復元し、現代の子供達にも体験させてやりたいと願ってきた。定年退職で暇にもなったので、本書の出版企画を立て、JCVNのメンバーや、身近で声をかけやすい市民活動にも精力的に取り組む研究者や専門家の方々に執筆を依頼したところ、多忙にもかかわらず快諾してもらった。そして発行を築地書館の土井二郎氏に依頼してみると、「懐かしいですね」と引き受けてもらえた。

筆者は現役時代に大学で「環境保全論」や「自然環境復元論」を講義していたので、自らも実践しなければと太陽光発電パネルや太陽熱温水器、雨水タンク、薪ストーブを設置し、生ゴミは庭のアマナツミカンの根元周りに順次埋め込んでいる。落ち葉や剪定した枝葉も堆肥ヤードに積み、ブロック塀にはイタビカズラを這わせて生垣のようにした。太陽光発電パネルの効果は大きく、天気の良い日には使用量より発電量が上まわり、毎月九州電力から売電額が振り込まれる（ちなみに筆者は「楽陽樹発電所」の所長）し、太陽熱温水器からの湯で初夏から晩秋までは風呂やシャワー、台所の食器洗いなどにも炊事以外はほとんどガスも使用しない。雨水タンクの水は植木鉢などへの水やりに重宝し、アマナツミカンは何らの世話もしないのに、大粒の果実をたわわに実らせ、見て楽しみ味わって楽しむ。薪ストーブの炎のゆらめきは心を癒し、見飽きさせない。自動車もハイブリッド車にかえたが燃費は倍以上になり、1ℓ当たり26kmを超えることもある。こんな生活が広く一般化すれば低炭素社会の実現も可能だと思う。

食料危機の到来も念頭にお米も黒木町の有機農家から、棚田の無農薬米を購入し、田んぼを借りてキュウリ、トマト、大根、白菜、ジャガイモなどなど、種々の野菜や果菜も栽培している。定年退職を機に0.6haほどの里山も購入し、講習を受けてチェンソーも購入した。今後少なくとも5年、できれば10年は余生を楽しめるだろう。

恩師の高橋理喜男先生も、志を同じくした「よこはまかわを考える会」の森清和さんも、神立で高齢にもかかわらず活動を継続された氏家巧さんも亡くなられた。筆者も肺炎などで何度も死線をさまよったが、医学の進歩で生き延びること

ができた。しかしいつ、森清和さんが言い残された「後はよろしく」という日が来るかもしれない。本書はそんな思いもあって、全国で目覚ましい活動や研究を進められている多くの方々を差し置いて企画したことをご了承願いたい。

　本書の編集と発行に際しては、有益なアドバイスをくださった築地書館の土井二郎さん、また精力的なお世話をいただいた柴萩正嗣さんに厚くお礼申しあげる。

　少し残念だったのは筆者が作詞・作曲した「里山讃歌」と「よみがえれふるさと・山・川・海」のCDを、高額になることから本書に挿入できなかったことだ。講義や講演の際に歌うと好評で、大いに盛り上がったのだが。筆者は息切れで歌のばしたいところで息つぎしてしまうので、別途に卒業生の山崎伸司君に歌を、ピアノを娘の志村聖子に依頼して、CDを制作している。山崎君はプロのミュージシャンで若者だけに、素晴らしい歌唱になった。多くの人に愛唱してもらえるように、オリジナルのカラオケも入れているので、希望者は申し込んでほしい。

　最後に、全国各地で持続可能な社会と生物多様な国土復元をめざして、精力的に活躍されている市民や農林漁家、研究者、そして公務・民間企業などを問わず業務を進められている皆様方のますますのご活躍と、大同団結・総参加によるエネルギー循環型の、生物多様性の国づくり、さらに地球環境問題の解決と平和な未来を願う次第です。

　　　2010年6月

　　　　　　　　　　　　　　　　　　　　　　　　　　重松敏則

注：CDをご希望の方は、〒番号、住所、氏名、購入枚数をご記入の上、1000円（1枚当たり・送料含む）の郵便小為替を同封して、下記までお申し込みください。

　〒811-2201　福岡県粕屋郡志免町桜丘3-32-1
　NPO法人　日本環境保全ボランティアネットワーク

目次

はしがき……iii
はじめに……xi

第1部 里山・里地の保全と循環利用

第1章 里山・里地の自然【重松敏則】……2
1. 里山・里地の自然の成り立ち　2. 里山・里地の生物多様性　3. 里山での人の暮らしと生物・景観の多様性　4. 里地での人の暮らしと生物・景観の多様性

第2章 里山・里地の変貌【重松敏則】……19
1. 都市化による里山・里地の変貌　2. 燃料革命による里山の変貌　3. 機械化による里地の変貌　4. 過疎・高齢化による里地の変貌

第3章 人工林の実態と管理・活用【佐藤宣子】……31
1. 人工林の定義と資源の特性　2. 木材価格低迷下における人工林資源の荒廃化
3. 低炭素社会に向けた人工林資源活用の意義と方策

第4章 新たな里山・里地の提案【重松敏則】……44
1. 里山の保全と循環利用　2. 里地の保全と循環利用

第5章 里山マップの作成による実態把握【朝廣和夫】……53
1. 里山マップの必要性　2. ベースマップの種類　3. 地図情報のアナログな利用方

法　4. 地図情報のデジタルな利用方法　5. 里山マップ

第6章　里山・里地の保全・活用計画手法とその潜在力評価【上原三知】……64
1. 里山・里地の変容とその環境の特性　2. 里山・里地の変容やその環境特性を反映した環境区分手法　3. 里山・里地の潜在力の評価　4. 里山・里地の潜在力評価　その2【松延康貴】

第7章　竹林拡大の実態と制御・活用【藤井義久】……80
1. 竹林を取り巻く環境の変化　2. 北部九州の低標高地における竹林拡大の特徴　3. 竹の旺盛な繁殖力の秘密　4. 竹林拡大への対策方法　5. 竹林拡大対策のための初回の竹林伐採時期　6. 伐り残された母竹林からの影響を受ける範囲　7. 竹林拡大対策に有効な竹林の伐採面積と形状　8. タケの駆逐に必要な伐竹回数　9. 竹林から先駆性の落葉広葉樹林へ　10. 里山保全活動における伐竹作業と作業効率　11. レクリエーショによる竹の利活用　12. 竹林を取り巻く今後の展望

第2部　市民参加による里山・里地保全とまちづくり

第8章　市民参加による里山の保全管理の契機と効果【重松敏則】……94
1. ワーキングホリデーの体験と効果　2. 市民参加による里山管理着手の契機　3. 市民参加の潜在力の把握と効果　4. 成果の出版と効果　5. 都市住民による里山・里地の保全活動とそのリラクセーション効果【上原三知】　6. バリアフリーな環境保全活動とその効果

第9章 BTCVとの連携による国際ワークの取り組み【重松敏則】……105
1. BTCVの発足と活動展開　2. BTCVの活動内容　3. BTCVとの連携による国際ワーク

第10章 NICEによる国際ワークキャンプの展開とトチギ環境未来基地の取り組み【塚本竜也】……125
1. 国際ワークキャンプとは　2. 国際ワークキャンプの日本での展開　3. 市民活動としての国際ワークキャンプ　4. 市民活動の成果をどう捉えるか　5. 日本で開催される国際ワークキャンプにおける環境保全活動の事例　6. 国際ワークキャンプに参加する若者達　7. 米国のConservation Corps(コンサベーション コア)のプログラム　8. シアトル市のEarth Corpsを例に1つの拠点ができること　9. 日本でのコンサベーション コアの実施に向けて　10. これからの日本の里山保全・環境保全活動を発展させていくために大切なこと

第11章 都市と農山村が連携する山村塾の取り組み【小森耕太】……141
1. はじめに　2. 都市と農山村が一緒に　山村塾の設立　3. 稲作コースと山林コース　4. 週末の「里山ミニワーク」　5. 里山ボランティア育成　6. 中長期滞在型ボランティア「里山80日ボランティア」　7. パッチワークの森づくり　8. 運営の仕組み　9. 山村塾はかつての農山村の姿

第12章 都市部の里山保全活動
――こうのす里山くらぶを事例に【志賀壮史】……152
1. 都市部に残された里山　2.「こうのす里山くらぶ」の活動　3. 都市内残存緑地での里山保全活動　4. 里山保全活動を通じた人材育成

第13章 リーダー・人材養成の必要性と実践【朝廣和夫】……165
1. 人は石垣、人は城　2. 人材育成活動への着想　3. BTCVの人材育成システム
4. 福岡における人材育成の取り組み

第3部 市民参加による循環型まちづくり・川と里海の再生

第14章 生ゴミの自家堆肥化による波及効果と活用の展開【平 由以子】……176
1. コンポストがある暮らし　2. 都市型コンポストの誕生　3. コンポストからみた学校教育　4. 堆肥でつながるコミュニティ　5. 事例紹介　6. 人材養成支援
7. 里山とまちをつなぐ人をJCVN(日本環境保全ボランティアネットワーク)で
8. ベッタな暮らしをしよう　9. 小さな環境ファームづくり　10. 小さな循環いい暮らし

第15章 庭や公園、学校におけるビオトープづくりと効果【小野 仁】……193
1. ビオトープについて　2. 家庭でのビオトープづくりと効用　3. 公園におけるビオトープづくりと効果　4. 学校でのビオトープづくりと効果　5. おわりに

第16章 川や水田の生物多様性復元と触れ合い体験による効果【島谷幸宏・林 博徳・皆川朋子】……215
1. 日本の水田や河川の変遷　2. 水田や川の生物多様性の劣化とそれに対する再生・復元の基本的な考え方　3. 水田の再生　4. 河川の再生

第17章　博多湾の現状と市民参加による里海再生【渡辺亮一】……235
1. 博多湾の概要および情報公開　　2. 現状の問題点　　3. 里海とは　　4. 市民参加型の里海再生

第18章　音楽を通した市民活動の展望【志村聖子】……247
1. 音楽活動の現場から　　2.「自然環境」と「文化」への視座　　3. ふるさとの自然保全フォーラム　　4. 里山コンサート

第19章　JCVNの発足と今後の活動展開【重松敏則】……257
1. JTCVの構想　　2. JCVNの発足　　3. JCVNが構想する社会参加システム
4. JCVNの今後の展開【朝廣和夫】

引用・参考文献
編者・執筆者プロフィール

はじめに

　日本はアジアの東端にある資源の乏しい小さな島国と言われる。しかし、北海道の亜寒帯から、沖縄の亜熱帯まで、また、海抜0mの海浜・磯から3000m級の山岳まで、多様な植生と生物、景観に恵まれている。このような多様な気候風土に培われた、地域特有の伝統文化や技術・芸能もある。教育水準が高く、科学技術の発達した先進ハイテク国家でありながら、国土の68％が森林に覆われた「森の国」であることも、先進工業国の中で稀有な存在である。まさに未来への可能性を秘めた国であり、このような国に生まれたことを幸せに思うのである。

　私が子供だったころ、つい55年か60年ほど前のことだが、山奥には原生林が広がり、たまさか入るのは狩人や木地師などのみであった。当時は日本人口のほぼ80％が農山村に居住し、平野部の田園のみならず、山麓や山襞を分け入って開墾された田畑で耕作して、食糧を生産していた。奥山には手をつけず、都市近郊の丘陵地や山間の集落周辺の森林、いわゆる里山林を順次伐採して、持続的に薪や炭などの燃料を生産し、自家用の炊事や風呂、暖房などのエネルギーにするにとどまらず、都市民の家庭用から産業用のエネルギーまで供給していたのである。

　奥山の原生林や渓谷、渓流は荘重な景観と特有の生物多様性に富み貴重だが、薪炭生産のために伐採更新される里山林は、それによって陽光が林地に差し込み、また様々な再生段階の森林がモザイク状に組み合わさることから、生物の多様性と四季の景観の変化に富んだのである。里山から採取される落ち葉や腐葉土、青草は、棚田や谷津田の生産性を維持する有機肥料となり、農家による食糧生産のための耕作を通して、これまた里地の優美な景観と生物多様性を成立させていた。

　原生林や里山林から流れ出す小川や河川は田畑を潤し、日照りが続いても流水

を保持して、種々の魚類や水生昆虫の生息の場となるだけでなく、河川敷や草土手の植生と一体となって、魅力的な景観と生物多様性を存続させていた。河川敷の植生は大雨の際の増・冠水によってその特性が保持され、小川の岸や草土手の植生は、堆肥や家畜の飼い葉に利用する農家の草刈りによって、維持されていた。河川や小川には海からサケやウナギ、アユなどが遡上し、源流の森林からは、落ち葉の分解による栄養分が里海に流れ下っていた。

集落や都市から排出される屎尿やゴミは、重要な有機肥料として農地に還元されていたから、河川や里海を汚染することもなかった。都市やまちの近くにも、干潟や白砂青松の里海があり、豊かな海の幸を育む「揺りかご」として、その生物多様性を保持するのみならず、潮干狩りや海水浴などの楽しみの場となっていた。里海だけではなく、当時は都市の規模も小さく、郊外には緑なす農地や里山の雑木林が広がっていたから、都市に住む大人も子供も容易に花鳥風月の自然に親しみ、動植物に触れ合えたのである。

このように化石燃料に過度に依存せず、自然資源の循環利用による持続的な生産と生活が行われていた時代は、自然の回復力と浄化力のもとで、地域の環境や国土環境が保持され、人々は四季の景観に彩られる絵のように美しい、里山、里地、川、まち、里海に暮らし、遊び、渡り鳥を含む多様な生物と共生していたのである。生活や触れ合い体験を通して、これらは原風景として人々に共有され、家族や地域社会の絆を深めた。

しかし、第2次世界大戦後の工業化と経済成長に伴う農山村から都市への人口移動により、絶対多数が都市に居住するようになって、日本の国土環境と社会は大きく変貌し、景観や生物多様性は貧化した。数多くの干潟や白砂青松の浜辺は埋め立てられて、石油コンビナートのような工業地や住宅・市街地となり、郊外の農地や丘陵などの里山も住宅地やニュータウンとして開発造成され、都市の膨張に飲み込まれていった。河川の上流域には都市の生活用水や工業用水を確保するために、ダムが次々と建設されて、源流の森林と里海の繋がりを疎遠にし、中流域から河口域は、都市化による農地の遊水機能喪失のため、洪水防止の観点から河道の直線化や土手のコンクリート化が進んだ。

都市化をまぬがれた農地では、機械化と生産性を高めるために区画整理され、農薬や除草剤が多用されたため、多くの野生動植物が姿を消し、田園景観の質も

低下した。一方、燃料革命により薪炭林の役割を失った里山林のみならず、奥山の原生林までもが、拡大造林政策により、少なからず、スギ・ヒノキ・カラマツなどの針葉樹人工林に転換され、景観は単純化してしまった。しかも海外の原生林から伐出された安価な輸入材による木材価格の低迷により、これらの人工林の間伐管理などの経営は困難となり、過度の立木密度と林冠の鬱閉によるモヤシ林化や林床の裸地化のために、森林が本来有している水源涵養能力や洪水防止機能等が低下し、種多様性の貧化や土壌浸食が進行しているのである。

過疎と高齢化や担い手不足に直面する農山村では、経済性を喪失した里山や棚田の管理が放棄され、歴史的に培われた豊かな二次的生物環境と優美な文化的景観が、伝統技術や芸能ともども失われていく実状にある。一方、人々が群住する過密の都市では、里山・田園などでの遊び体験や多様な生き物との触れ合い体験もなく青少年が育つ中で、日本人の共通の原風景と言われた里山や里地の水田、小川・河川、里海などで構成される「ふるさとの景観」に対する感慨や理解も希薄となり、また、人工装置に囲まれた日常の都市生活の現状から、自然認識や環境認識も失われている。

体験がなければ自然に対する好奇心や興味（センス オブ ワンダー）も欠落し、創意工夫を凝らす機会も逸することになり、結果的に感性が貧化し科学的発想も触発されないと危惧される。さらに近年の青少年は無気力で自主性や忍耐力にも欠けると指摘されており、大人も含め無関心や地域コミュニティ崩壊による信頼感、連帯感の喪失が進み、ひきこもりや自殺、親殺し・子殺し、通り魔殺人など、深刻な社会事象や事件も頻発している。現在、私達は以前のような過度の肉体労働や飢饉、飢餓の不安から解放され、物質的に便利で豊かな生活を送っているが、化石燃料の多消費などによる地球温暖化などの環境問題に直面し、世界経済システムの崩壊による食糧危機やエネルギー危機などの不安にもさらされている。

地球環境の許容量を超えた資源浪費や環境破壊により、地球も国土も都市も、人間社会も住みにくく、不安に満ちたものとなっている今日、将来に夢や希望を持てる持続的な環境を回復し、健全で安心できる社会を再構築するには、もう一度生物として、人間としての根源に立ち返り、自然と共生する生物多様性に富んだ生活環境を村にも町にも都市にも再生し、土壌や水を含む自然資源の保全と循

環利用による持続的な国土環境の復元が必要である。

　日本は急激な工業化の過程で生じた、深刻な大気汚染や水質汚染などの公害により、多くの被害者を出し今なお苦しんでいる人々がいるが、それを教訓に世界最先端の公害克服の技術を発展させ、それが自動車をはじめとする省エネルギー型の多様なハイテク製品を生み出し、優勢な貿易のもとで経済力を成長させてきた。また、地球温暖化対策や脱化石エネルギーを目標に、太陽光発電パネルや風力発電などの技術を発展させ、さらに近年では、製材端材や作物残渣、生ゴミ、屎尿、下水汚泥などの堆肥化利用やバイオガス・バイオ発電利用の技術も確立し、一部ながら実用化も進みつつある。石油に依存しない生分解性のバイオプラスチックも普及しつつある。

　一方、長年の強い意志と試行錯誤の中から、一部ながら林業では択伐による複層林施業や針広混交林施業を実践経営し、また農業では農薬や化学肥料に依存しない有機農法として、合鴨やフナ、コイ、ドジョウなどを活用した経営を確立し、安全・安心な食料を生産するなど、水田での冬季湛水を含め、両者とも持続的な生産と生物多様性の復元に貢献している。さらに漁民も里海の再生のために、市民や林業者と連携して源流の森に広葉樹を植樹し、川を通して幸わく海をめざす活動も進展しつつある。

　都市の住民も、最初は農山漁村での生活体験や触れ合い体験を持つ世代を中心に、市民参加の里山・里地の保全管理活動が始められ、次第に何かのきっかけでそれらの活動に参加した、都市生まれ都市育ちの若者達が、全く新しい世界を知り、はまり込んで、新たな人材やリーダーとして活躍しつつある。現在では地域により差異はあるにせよ、全国各地で数多くの市民団体が多様な活動を進めつつあり、一部ではネットワークも形成されている。これらの活動の遂行と進展の背景には、以前に比較し、行政や企業からの助成が増えたことが関係していることは無視できない。

　しかし、本書でも紹介する海外のボランティア先進国に比べ、市民活動に対する財政支援額があまりにも少なく、一部の例外を除き個別・短期的なため、多くの市民団体は孤立し、その活動の継続に苦悩し、より大きく展開できない実状にある。

　この国は、冒頭でも述べたように未来への可能性を秘めた国であり、多くの問

題に未だ直面してはいるが、高度の科学・医療技術を有し、海洋に囲まれた森の国であり、有機的な農林業の手法や、医療福祉も含め様々な分野での市民活動も進められている。「持続可能な社会と生物多様な国土復元をめざして」、全ての用意ができているのである。後は、これらの知恵や理念を広く、国民、農林漁業家、政治家、企業、教育機関に共有してもらい、「いつでも」「だれでも」「どこでも」参加できるシステムを構築するだけである。その実現の成果は「持続可能な社会と生物多様な国土復元」の国際的なモデルとなって貢献できるであろう。もし、それができないなら、この国は少子高齢化の中でどんどん斜陽し、没落していくと危惧される。

　私はこの国に生まれ育ち、未来への夢と期待をもって研究・教育し、市民活動にかかわってきた。本書がその夢の実現の一端となることを願うばかりである。さらに長年にわたり海外での植林活動や農業普及・復元、医療・教育活動などに、生命の危険をおして活躍してこられた方々に敬服し、今後のさらなる展開を期待するとともに、国内で育った有為な人材が皆様の活動に続くことを望む次第です。

2010年6月

重松敏則

第1部
里山・里地の保全と循環利用

持続的な管理で動態保全される里山・里地の自然
（兵庫県）

里山を背景に美しいレンゲ畑がひろがる
（和歌山県橋本市）

大山 大神神社の社殿と神域の巨木林
（鳥取県）

ウィーン郊外での持続的な森林管理の事例

第1章 里山・里地の自然

1. 里山・里地の自然の成り立ち

　里山とは、人里に近い場所にあって、主に薪や炭などの燃料生産と建築用材生産のために森林の伐採が持続的に行われ、また有機肥料とするための森林内での下草刈りや落ち葉掻き、さらに家畜の飼い葉や茅葺き屋根の材料とするために草刈りや火入れが継続されるなど、生活資材や農業資材の供給のため人手が加わることにより成立した森林や草原、ならびに、このような営為と資源により存続する棚田や果樹園、集落などと定義される。里山の森林の多くは、アカマツ林も含め薪炭林、農用林、雑木林、あるいは自然遷移の途中相であることから二次林とも呼ばれ、また草原は「茅場」や「まぐさ場」などと呼ばれる。

　一方、里地は環境省の第一次環境基本計画によれば「里地自然地域とは、人口密度が比較的低く、森林率がそれほど高くない地域として捉えられる。二次的自然が多く存在し、中大型獣の生息も多く確認される。この地域は、農林水産業など、様々な人間の働きかけを通じて環境が形成され、また、野生生物と人間とが様々な関わりを持ってきた地域で、ふるさとの風景の原型として想起されてきたという特性がある」と定義されている。

　いずれにしても、狩人やキノコ採りの人が立ち入るような例を除き、人手が入ることなく自立的に存続している奥山の自然林（原生林とも言われる）と異なり、里山・里地の自然は人の手が加わり、その強度や頻度、利用の仕方、立地などによって、多様な環境や景観が生み出された二次的自然なのである。それには、アカマツ林、雑木林、茅場、植林地（比較的小面積で間伐管理されたスギ・ヒノキ林など）、木造の農林家の家屋や納屋、果樹園、竹林、水田や畑、溜め池や小川の草土手、鎮守の森（人の立ち入りが頻繁な境内林。人の立ち入りや人手がほとんど加わらず、面積が比較的広大な境内林は自然林）などが挙げられる。

この他、現在ではほとんど行われなくなったが、森林が比較的小区画で伐採・火入れされて、土壌養分のある5〜6年程度の間、作物が耕作された焼畑も里山に含まれる。耕作されなくなった跡地では、自然に森林が再生し、30年ほど経過すれば、また焼畑として利用されたからである。

里山・里地の起源は、遺跡の発掘や花粉分析による近年の研究報告によれば、縄文時代中期（約5000年前）にさかのぼると言われる。そのような大昔から、人は自然林に手を入れて里山・里地の二次的自然を形成し、持続循環型の生活・生産を行うとともに、人口の増加に合わせて全国各地に、その範囲を広げてきたのである。

2. 里山・里地の生物多様性

自然林を伐採してアカマツ林や雑木林とし、火入れして茅場として利用すること、また自然林を開墾して田畑にすることは、言わば自然を破壊することになり、自然林の中でしか生存や繁殖できない動植物に致命的な影響を与え、さらに自然林の荘重かつ壮大な景観も失われることにもなる。

しかし、飽くなき人間の欲望の追求による自然破壊の結果、現在、私達が直面している地球規模の深刻な環境危機や温暖化問題からすると、大いにジレンマを感じるのだが、人間が安定した、より文化的な生活を営む上で、ある程度は自然に手を加え、利用することは仕方がないと言える。この「ある程度」が重要なのであって、世界史上のいくつもの古代文明が、森林の消失とともに滅亡していることからも明らかである。

「ある程度」には2つの意味があり、1つは全ての自然や自然林に人手を加えず、日本の場合だと奥山の森林には手をつけず、そっとしておいたことである。2つ目は、たとえ人手を加える里山・里地であっても、過度な利用はせず、再生可能な範囲で、目的に対応した多様な管理と利用のもと、持続的な生産を行ったことである。

そうすることによって、奥山の自然や自然林の生物多様性が存続するだけでなく、人手が加わることで形成された里山・里地の二次的自然でも、アカマツ林、雑木林のような森林環境や、茅場及び草土手のような草地環境、さらに水田や小川、溜め池のような水環境などをそれぞれ生活の場とする種々の動植物の生存が

図 1-1　生物多様性に富む里山・里地の文化的景観

可能となり、かえってその生物多様性が高まったとさえ言われるのである。いずれの環境にも「喰う、喰われる」の食物連鎖が成立するとともに、さらにそれらを貫く、ワシ・タカ類やキツネ、クマなどの大型鳥獣を頂点とする生物ピラミッドも成立した。

　サギ類は現在でも見られるが、かつては全国各地の里山・里地に、トキやコウノトリが生息していたそうであり、水田や小川をえさ場として、ドジョウやフナ、タニシなどをあさり、夜間のねぐらや繁殖の場は、アカマツ林や雑木林だったのである。この他、鎮守の森の大樹の洞(うろ)や社殿の屋根裏を棲みかとするフクロウやムササビも、里山・里地を狩り場として生存している。

　約5000年前から始まったと言われる、自然への人間の手入れにより形成された里山・里地には、そのような環境に依存して、生存する種々の動植物さえ生み出した。例えば、民家の屋根瓦の隙間にはスズメが、軒下にはツバメが巣づくりし、田畑で餌を得て生存、繁殖している。キキョウ、リンドウ、オミナエシなどの野生草花も、人間による里山・里地管理により維持される明るい雑木林や、茅場の草地を生存の場としている。日本の国土に生存する動植物のほぼ50％が、里山・里地に見られ、主な生活の場となっていると報告されていることからも、生物多様性に果たす里山・里地の二次的自然環境の役割は極めて重要である。

3. 里山での人の暮らしと生物・景観の多様性

「はじめに」でも里山における手入れが、農山村及び都市の生活に密着し、生物多様性や景観の多様性を生み出してきたことを述べた。以降では、アカマツ林及び雑木林と茅場を事例に、もう少し詳しく、絶妙な人の暮らしと生物多様性や景観の多様性との関係について解説したい。農林業家は、一部の例外を除き、何も生物多様性や景観の多様性を意図として、里山の手入れを継続してきたのではなく、生活の必要に迫られて祖先から継承される手法で管理・利用した結果として、生物や景観の多様性が生み出され、存続してきたことを理解していただけると思う。

(1) アカマツ林の管理と循環利用

アカマツ林は20～30年程度の間隔で伐採が反復されて、薪や炭として利用される一方、50～60年程度の間隔で伐採されて、建築用材としても利用された。アカマツの薪や炭は火力が強いため、製鉄や陶磁器の生産、塩田での製塩の燃料などとしても重宝され、これらの産業に不可欠なものであった。したがって、奈良や京都のような古都周辺の里山、大阪平野の都市近郊林はもとより、古来から製鉄が盛んだった島根県や鳥取県などの里山、製塩地帯だった瀬戸内海沿岸地域の里山、さらに瀬戸、信楽、伊万里、有田などの製陶地域の里山の多くはアカマツ林で占められていたのである。これらの地域では、過去には持続的な利用どころか、過剰な伐採により、乾燥した貧栄養な土壌環境に耐えるアカマツさえ再生せず、はげ山化した里山が広がり、洪水や土石流、渇水に苦しんだ時代があったことも見逃せない。

これらの地域のみならず、関東地方の平地林を含め、全国各地の都市周辺や山間の集落周辺の里山にも、アカマツ林はごく普通に見られた。それだけアカマツ林は集落及び都市の生活や産業に密着し、不可欠な役割を果たすとともに、身近な風景として人々に親しまれたのだ。

アカマツ本来の自然状態での生育地は、岩尾根のような極めて土壌水分条件の厳しい場所である。そのような立地条件では、他の樹木は侵入し、生育することが困難なため、アカマツは生態的最適地として、手入れなどなくても自然の中で自立、存続できたのである。アカマツにとって、よりすくすくと高く生長できる

図1-2　頻繁な柴刈りで明るく開放的なアカマツ林

生理的最適地は、土壌が厚く、水分条件に恵まれた場所だ。しかし、そのような立地条件では、日陰に強く寿命の長い他の樹種との生存競争に負けてしまう。陽樹であるアカマツは生長がはやくても、第2世代の実生（種子からの芽生え）が、密生した樹林の中では暗過ぎて生存できないためである。

　人間はアカマツの土壌が薄く、乾燥した立地条件でも速やかに生長し、収穫できる点に目をつけ、管理の手を加えることによって、その林地面積を拡大したのである。最初は自然林を伐採した跡地に、自然の岩尾根に生きるアカマツの種子が、風に吹かれて飛来し芽生えた実生を、他の雑草類や低木類を刈り取ることによって、うまく高木にまで育成したのであろう。針葉樹であるアカマツは、広葉樹のように切り株から再萌芽できないから、種子から育てざるを得ないが、ひとたびアカマツ林が成立すれば、毎年大量の種子を生産し、林地の内外に散布させるので、天然下種更新によって存続、拡大するのは容易である。

　アカマツ林では、先に述べたように薪や炭のような燃料にするか、建築材として利用するかによって、伐採更新の間隔が異なるが、一度に広面積にわたり皆伐するのではなく、毎年一定区画を順次に伐採したり、建築材に見合った大きさまで育った優勢木を選んで択伐することもされた。

　明るいアカマツ林の林床には多様な下草や低木類が生え、落ち葉もたまるが、数年おきに、あるいは毎年、下草刈りや柴刈り、落ち葉掻きが行われ、堆肥や焚きつけに利用された。このような管理・利用は、栄養分を林外に持ち出すことに

なり、林地を痩せさせる。しかし、このような環境がアカマツの根に共生し、菌根や菌糸層（しろ）を発達させるマツタケ菌には都合がよく、毎年、秋に多数のマツタケを発生させて、季節の味覚を楽しませることとなった。筆者も幼少のころマツタケをたくさん採取したし、都市では八百屋の店先に山のように積み上げられ、売られていた。アカマツもマツタケの菌糸と共生することにより、根系の及ばない範囲からも土壌中の水分やミネラルを得ることができ、健全に生長できたのである。

　乾燥条件に強く、土壌の薄い痩せ地でも生長と収穫が見込めるアカマツ林は、全般に里山の斜面上部や尾根部に分布、営林されていた。高さと太さが求められる建築用材としてのアカマツ林は、土壌水分条件の良好な里山の中腹以下や平地林でも見られたが、このような場合、50～60年程度の間隔で伐採・収穫されるアカマツが高木層に、その下の亜高木層や中木層をクヌギ、コナラなど、薪・炭用に15～20年程度の間隔で伐採・収穫される雑木類が構成する、二段林（複層林）として営林されることも、ごく普通に行われた。

(2) 雑木林の管理と循環利用

　雑木林は燃料の生産源となったから薪炭林とも、下草や落ち葉が有機肥料になったから農用林とも言われ、また二次林である点でもアカマツ林と似通っている。林床に生える草本植物や木本植物など下層植生も共通するものが多い。しかし、雑木林は広葉樹種で構成されることと、切り株からの萌芽能力を活かした伐採萌芽更新で、森林が再生される点でアカマツ林とは異なる。雑木林の名称は、クヌギ、コナラ、アベマキ、クリ、リョウブ、ヤマザクラ、シデ、エゴノキ、カマツカなど雑多な樹種で構成されるからとも、優良な建築用材などにならない雑木しか生産しないからとも言われる。筆者はその構成樹種の多様性と、「生活雑器」の言葉が示すように生活に必要な、また鍬や鎌の柄(つか)をはじめとする農業に必要な、様々な資材の生産を担ったことに注目したい。

　とはいえ、雑木林の多くは、切り株からの萌芽の生長がはやく、良質な薪や炭となるクヌギやコナラで構成されるため、クヌギ・コナラ林とも言われる。クヌギやコナラは椎茸栽培の原木（榾木）にも最適である。南北に延びる日本列島では、気候帯によって雑木林の構成種もやや異なり、東北地方ではシデやミズナ

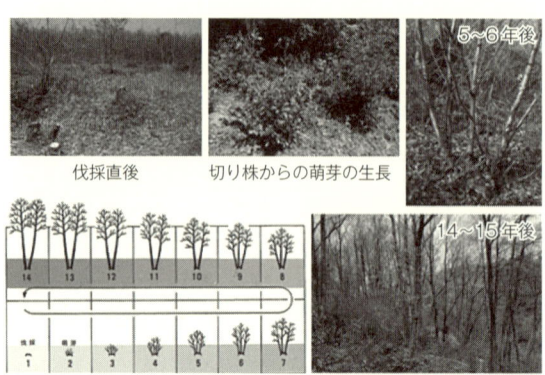
図1-3 雑木林での伐採萌芽更新（イラストは14年周期）

ラ、クリなどが多くなり、九州のような西日本の標高の低い雑木林では、アラカシやスダジイ、タブノキなどの常緑広葉樹種が多くなる。ウバメガシやアラカシを炭材とする「樫炭」は、高価で取引されるが、九州の里山でもクヌギやコナラは多く、決してシイ・カシ類ばかりというわけではない。九州北部の低地の里山であっても、クヌギ、コナラ、クリ、ヤマザクラなどのほかに、ハリギリ（センノキ）やホウノキのような冷涼な気候帯を生育地とする樹種が混じっている。人間による伐採後、切り株や種子からの生長は、落葉広葉樹のほうが常緑広葉樹よりもはやく、生産性に優れていることが分かる。

　構成樹種に違いはあっても、雑木林が15～20年程度の間隔で伐採され、主に切り株からの萌芽の生長により、再び森林が回復（更新）されることは同様である。温暖で土壌条件の良好な地域では、森林の再生が旺盛なため10年周期での伐採や、石川県の能登地域のように25年周期で伐採し、割り木して炭焼きされる例もあるが、伐採更新の原理に違いはない。あまり樹齢が高くなると細胞が老化して、切り株からの萌芽が困難になるが、25年程度までの若さであれば、春になると切り株からは数多くの萌芽が勢いよく伸び、クヌギやコナラであれば、夏までに1.5m以上までにも生長する。伐採されても残された根株や地下の根系には養分が蓄えられており、土壌中の水分も十分に吸収されるからである。ドングリからの芽生えだと、せいぜい30～40cm程度の生長にとどまる。ただし、切り株からの多数の萌芽を伸びるままにすると、陽光や養水分をめぐって競争する

図1-4 四季の景観に彩られる管理された雑木林

ので、優劣を見ながら間引きして最終的に2〜3本だけ残し、順調に生長できるようにしてやる。

　図1-3は伐採間隔が14年の事例を示す。雑木林の所有者が林地を14の区画に分け、毎年1区画ずつ伐採すれば、切り株からの萌芽の生長により森林が再生し、14年後には幹が薪や炭にできる大きさに育つので、再び伐採が可能となる。樹木は樹齢が高くなるにつれて生長量が少なくなり、老齢樹になると樹高の伸長はとまり年輪幅もわずかとなる。もちろん、樹種にもよるが一般に樹木が数百年や屋久杉のように数千年の寿命を有することを考えれば、50年や60年もまだまだ若い時期であり、土壌水分条件や陽光条件にさえ恵まれれば、どんどん生長する。しかし、先にも述べたように、スギやヒノキ、アカマツのような切り株からの萌芽能力がなく伐採すると地下の根系ともども枯死してしまう針葉樹は別にして、萌芽能力のある広葉樹も50年や60年の樹齢になると萌芽が困難になる。

　したがって、最長でも25年周期で伐採される雑木林では、切り株からの萌芽による森林再生がはやく、それだけ光合成による空気中のCO^2固定能力も高い。こうして、土・水・空気・太陽光を基盤に、雑木林では自然の再生力を活かし、森林を若がえらせて、毎年に伐採・収穫できる持続的な生産が行われた。しかも、伐採されるまでの期間、林内では下草刈りや柴刈り、落ち葉掻きなどが行われ、燃料や有機肥料として利用されたことは既に述べた。アカマツ林も種子から

第1章　里山・里地の自然

の再生という違いはあるが、過剰利用による「はげ山化」の問題があったことを別にすれば、同様に持続的な生産と役割を果たしていたと言える。

　さらに、このような生産システムが、生物の多様性や景観の多様性をもたらし、その動態保全に重要な効果や役割を果たしたことも見逃せない。雑木林では、25年の伐採周期であれば25通りの、14年周期であれば14通りの多様な再生段階の林地が、モザイク状に組み合わさることになるから、それだけ森林景観も野生動植物の生活環境も多様性に富んだものとなる。伐採後、数年間は眺望が利くだけでなく、林地に太陽がふりそそぐから、埋土種子が休眠から覚めたり、風に運ばれた種子や飛来した鳥の糞に混じった種子が一斉に芽生えて、多様な草木が地表に繁茂するので、その観察や開花の観賞、また山菜採りなどを楽しむことができる。多様な草木の葉や花の蜜、果実は種々の草食性の昆虫や鳥獣の餌となり、それらはまた肉食性（あるいは雑食性）の昆虫やキジ、ヤマドリを含む鳥獣の餌となる。

　切り株からの萌芽が生長して低木林の段階になると、林内に差し込む陽光量が少なくなるから、十分な陽光条件が生存に必要な植物は次第に姿を消し、半日陰の条件でも光合成できる草木に林床植生（下層植生）の組成は変化する。毎年、下草刈りや落ち葉掻きされる場合は別にして、ほぼ5〜6年おきに焚きつけ用の柴刈りが行われる管理条件だと、野生ツツジ類やナツハゼ、ネジキ、ムラサキシキブ、ヤブムラサキ、ガマズミなどの落葉木本植物が主体となり、開花や結実を楽しませる一方、ここでも多様な草食（木の葉でも草食という）動物から肉食動物に至る「喰う、喰われる」の食物連鎖が成立する。常緑広葉樹林帯であれば、ヒサカキ、ソヨゴ、アラカシ、ヤブニッケイ、ヤブツバキなどの常緑樹も生えてくるが、その生長は比較的遅く、周期的な柴刈りにより、その繁茂が抑えられる。

　さらに年数が経過して、クヌギやコナラなどが十分に生長（成林）して、上層の枝葉で林冠が閉鎖されると、林内はさらに暗くなり、このような条件では生存できない植物は消えてゆく。しかし、落葉広葉樹の葉だとある程度の陽光は透過させるので、先にあげた野生ツツジ類やナツハゼなどの落葉低木類は、花つきや実つきは悪化しても枯死せずに、上層木（林冠構成木）であるクヌギやコナラが伐採され、明るくなるまで持ちこたえることができる。

図1-5　台場クヌギ

図1-6　火入れにより維持される茅場の植生と風景

　一方、冬季から早春までの時期は落葉しているクヌギやコナラなどの雑木林では、下草刈りや柴刈りが頻繁にされている場合には、成林していても落葉期は林地の地表面に十分な陽光が差し込む。このような条件の比較的冷涼な地域の雑木林では、他の植物が休眠している早春に、雪国では雪解け間なしに、地下の根茎からいち早く一斉に葉を展開させて光合成し、一面にわたり花を咲かせる、カタクリやイチリンソウ、ニリンソウ、キクザキイチゲ、ヤマブキソウなど春植物と呼ばれる野生草花の天然のお花畑が成立する。春が深まって暖かくなると、上層のクヌギやコナラの枝も芽吹き、初夏を迎えるころには若葉で覆われて、林内は暗くなるので、これらの春植物はそうなる前の2カ月程度の期間に、展葉して光合成や開花・結実を済ませ、地下の根茎に栄養をためて、地表から姿を消す。カタクリの茎葉は山菜として野菜の少ない時期に重宝され、根茎はカタクリ粉の原料として利用され救荒食ともなった。

　一般に雑木林の伐採は比較的地表面に近い高さで行われるが、切り株からの萌芽が、ウサギやシカに食害されるのを防止するために、地域によっては「台仕立て」「台場クヌギ」と言われる、大型獣の口も届かない高さで伐採更新される手法もある。これに対して、雪国では積雪のために、高い位置で伐らざるを得なかったという説もある。一般に雑木林の伐採は、農閑期の晩秋から冬季に行われるが、それは収穫した幹や枝が充実していることやシイタケ用の榾木として最適であること、切り株への腐朽菌の侵入防止、また春の順調な萌芽と生長の上でも理

にかなっている。

　雑木林を伐採すると林地が明るくなるので、草本植物だけでなく、種々の木本植物が生えてくる。イヌザンショウやカラスザンショウ、クサギ、アカメガシワなどは、生長は旺盛だが寿命が短く、材にも向かないので、草とともに刈り取られて、堆肥や緑肥（刈り敷き）にされてしまう。ヤマザクラやクリ、ケヤキ、ホウノキ、カツラ、ハリギリなど、家具、建築、工芸材となる優良樹は、刈り残されることも多かった。刈り残されても、結果的に薪炭材として、クヌギやコナラと一緒に伐採されることも少なくなかったが、付加価値の高い、家具、建築、工芸材の生産を目標とする場合は、伐採されずに残され、60年以上の年数にわたって生長させた。このような森林では短周期で伐採更新される雑木林の所々に、抜きんでた高さのこれらの樹木が樹冠を広げ、景観的にも生態的にも多様性を高めた。これらの樹木の重量感や紅葉・黄葉も素晴らしいが、特にヤマザクラはその開花の美しさと豪華さが見事であった。

(3) 茅場の管理と循環利用

　茅場は、一般に里山の尾根部や台地の上に位置し、ほとんどの場合、集落や地区の共有地であった。それは茅場で刈り取られる草が、堆肥や緑肥（刈り敷き）として農業生産を支える上で不可欠であったことと、茅場を維持するための火入れに多くの人手、すなわち共同作業が必要だったことによる。肥料源だけでなく、茅葺屋根の葺き材となるススキの刈り取りや、牛馬の飼い葉、特に冬季の飼料として刈り取りが行われた。この他、牛馬の放牧もされたが、刈り取りや放牧を自由にすると「共有地の悲劇」が生じ、はげ山にもなりかねないので、集落や地区の取り決めで利用量を制限し、草の再生可能な範囲で持続的な管理・利用が行われた。

　一方、刈り残しや牛馬の喰い残しがあると、風や鳥の糞に混じって運ばれた木の実から芽生えた実生が育ち、放置すると森林化が進むことになる。その森林化を防止するためには、毎年、冬季の草が枯れた時期に火入れをする必要がある。火入れをすると隣接するアカマツ林や雑木林に燃え移って、山火事になる恐れがあるから、茅場の周囲のこれらの森林に隣接する部分の草を予め刈り取り（輪地切り）、防火帯を作っておかねばならない。輪地切りは、ほぼ10m程度の幅で、

作物の取り入れが終わり時間に余裕のある晩秋の、草の生長もとまった時期に、共同作業で行われる。

　火入れは冬季に晴れの天気が幾日か続いて、枯れ草が十分に乾燥し、風が強くない日を選んで実施される。集落や地区の寄り合いで天候の様子を考慮して実施日を決めるが、当日に予期せぬ降雨や強風が吹くと、村長(むらおさ)や指導者の判断で延期される。火入れは危険な作業でもあるから、経験やチームワークが必要であり、若者は経験豊かな年長者から手法を学ぶ。火をつける場所は地形や風向きによって長年の経験から判断されるが、一般に里山の山頂部や尾根を中心に、斜面の上部に茅場が広がっている場合には、茅場の周囲に設けた裾野側の防火帯から一斉に火がつけられる。そうすると火は山頂や尾根の方向に向かって燃え上っていく。防火帯にいる村人や地区住民は、それぞれ火消し棒を持ち、不意な風で防火帯の外側に火が移りそうになると叩いて消火する。

　火入れによって、地上部にある枯れ草は樹木の実生などとともに焼き尽くされ、灰となって養分となる。地表が火炎で熱せられても、地面からわずか2cmの深さの地温は、2〜3度しか上がらないから、優占種であるススキの地下茎はもちろんのこと、ススキに混じって生える多様な植物の地下茎や球根なども、何らの影響も受けずに生き残る。

　だから春になると、まず丈の短い種々の春植物が出芽・展葉して花を咲かせる。その後ススキが一斉に生長してきて、初夏のころまでには草丈の揃った丈夫なススキ草原が青々と広がることになる。ススキに混じって、草丈が比較的高いユリ類やキキョウ、リンドウ、オミナエシ、フジバカマなども花を咲かせる。そして秋になれば、一面のススキの穂波が風にそよぐ風景を楽しめた。

　このように草刈りや火入れという人の管理によって、茅場は維持され、生活や農業を支えるとともに、草原ならではの四季の景観や生物多様性を存続させていたことが分かる。火入れは、アカマツ林や雑木林での伐採更新よりも、自然に及ぼす影響が強いが、草原が持続的に維持されることによって、降雨による土壌侵食を防止し、水源涵養にも少なからず貢献したのである。

4. 里地での人の暮らしと生物・景観の多様性

　里地が里山の概念と重なるとともに、密接な関係を持つことは既に述べ、水

田、畑や小川、溜め池、民家、鎮守の森、竹林、果樹園など、多様な要素で構成されることも説明している。以下では紙数の制限から、水田と民家に絞り、他の要素も関連づけながら述べることにする。

(1) 水田の管理と循環利用

　水田は里地において大きな面積を占める。灌漑用水が足りない場合や届かない場所は畑とされ、多様な畑作物が栽培された。また、消費地に近い都市近郊では、都市から排出される屎尿やゴミを有機肥料として、付加価値の高い新鮮な野菜を生産して高収入を得た。都市から離れた場所でも、都市の需要に合わせて、主にタマネギやジャガイモなど貯蔵性のある畑作物が生産される地域や農家があったことも見逃せない。しかし、日本人の主食である米は、かつては年貢米として生産と供出が義務づけられたことや、貯蔵性があって安定・確実な収入源となったこと、さらに栽培期間に湛水して、稲刈り前には水を落とすことから連作障害が起こらず、毎年耕作できたことから、平野部の農村や中山間集落を問わず、水利が可能な限り水田とされた。大阪平野を含め、降雨量の少ない瀬戸内海沿岸の平野部では、河川水だけでは不足するために、古くは平安初期に弘法大師（空海）の指導により築造された満濃池（香川県）の事例のように、古来より多くの溜め池が作られた。

　水はけの悪い湿田では、もっぱら米だけ、あるいはレンコンが栽培されたが、排水が可能な乾田では、夏期は湛水されて米作が、冬期は畑となって大麦が栽培される二毛作が行われた。冬期は麦の代わりに、菜種油の生産を目的にナタネが、また家畜用の濃厚飼料や緑肥として田植え前に鋤き込むためにレンゲ（共生する根粒菌が空中窒素を固定する）が栽培されることもあった。したがって、春になると青々と育った麦畑の風景に混じって、美しい花が一面に咲きそろう菜の花畑やレンゲ畑の風景が楽しめ、また初夏のころには麦秋と言われる黄金色に色づいた麦畑の風景が広がった。実った麦が収穫されると、畑は鋤かれた上で灌漑水が引き入れられ一面の水面となる。さらに荒掻き、代掻きの後に田植えされると、植えられた稲苗はすくすく育って、すぐに水面を隠し、緑なす稲田の風景となる。腰を屈めた夏の田草取りなどの労働もたいへんだったが、やがて秋風に穂波が揺れ、どんどん黄金色に色づいて稲刈りされると苦労は報われ、収穫の喜び

図1-7　人の暮らしが多様な生物と共存する風景

にあふれた。

　このような水田における四季の景観の多様性は、日本の全耕作地面積の40％を占めると言われる中山間地域の棚田でも同様に見られた。いや、里山を背景にその山裾の斜面に幾重もの石垣が優美な曲線を描く棚田の風景は、さらに魅力的で多様性に富んでいる。平野部の水田でも種々の水生昆虫や魚類が生存し、麦畑ではヒバリが巣作りし育雛したが、棚田ではそれに加えて石垣の隙間が生き物の棲みかとなり、また、里山のアカマツ林や雑木林を棲みかとし、棚田をえさ場や産卵場所としている両生類、爬虫類、鳥類などを考慮すると、ひときわ生物多様性の成立と存続に貢献した。

　田の畔には畔豆が植えられ、自家用の味噌や醤油づくりに利用された。また田植え前や稲刈り前の畔の草刈りは、晩秋から冬季に展葉して光合成するヒガンバナに何ら影響しなかったから、9月の下旬ころに花茎を出して、幾重もの棚田の畔一面を美しく彩った。ヒガンバナの鱗茎は有毒だが豊富な澱粉が含まれるため、飢饉の際には救荒食として水にさらして毒抜きし利用されたという。

　棚田の灌漑用水は、里山からの湧き水や谷川からの導水、あるいは小谷を土手で堰きとめた溜め池の水を利用した。いずれにしても最上部の棚田から水を引き入れ、以後順次に下の棚田に水を満たしていくシステムで行われる。畔の一部を切って、上の棚田から下の棚田へと直接、水を流下させていくこともされるが、一般には排水にも便利なように細い灌漑排水路が張り巡らされ、上から順番に石や板で堰きとめて、棚田を水で満たしていく。このような絶妙な灌漑システムの

第1章　里山・里地の自然

維持管理には、導水路にたまる落ち葉や土砂を取り除いたり、用排水路沿いや土手の草刈り、水当番、さらには稲刈り後に溜め池の栓を抜いて泥浚えを行うなど、運命共同体としての集落や地区の共同作業が不可欠だった。浚渫された泥や刈り草は、有機肥料として利用された。このような共同作業は苦役ではあったが、導水路の清掃ではイワナを捕まえたり、池干しではコイ、フナ、ナマズなどを手づかみにするなど、遊びの要素もあり、またこれらの魚がタンパク源ともなった。

(2) 民家の暮らしと循環利用

　ここで言う民家とは里山や里地の管理・利用により生活する林家であり、農家でもある。各集落や地区には伝統的木造建築の技術を継承する大工がおり、家屋の新築や改築、補修などを担った。里山から伐り出されたアカマツやクリ、ケヤキなどの他、スギやヒノキも主に自家用の建築材になるよう、山裾などで育林されていたのを使用した。撓みに強いアカマツは手斧（ちょうな）がけされて梁に、耐湿性のあるクリは土台に使用されるなど、樹種の性質に応じて使い分けられた。大工は技術を受け継ぐ弟子でもいない限り、ほぼ1人で棟木、梁、桁、柱、鴨居、敷居などの部材を全て用意し、軸組みに必要な柄（ほぞ）や柄穴を施した。

　棟上げや茅屋根葺きの際は近隣や集落住民が支援したが、相互扶助のため賃金を支払うことはなく、酒食でもてなすだけで、その賄いも近隣の女性が手伝った。壁は里山から採取した赤土に稲わらを刻んで加え、水で練ったものを、前もって竹林から伐り出した竹を割って縦横に編んだ下地に、両側から塗り付けて荒壁を作り、乾燥を待って白い漆喰で上塗り、あるいは板が張られた。

　このように、ほぼ全て地元産の自然材料で建築された家屋は、気候風土や里地の景観になじみ、また100～150年にもわたり存続した。ただし、茅屋根は食事の煮炊きに薪がくべられる竈（かまど）からの煙に燻されて40年程度はもったが、それ以上経過すると共同作業で葺きかえられた。取り除かれた古い茅は堆肥に利用され、また竈や五右衛門風呂にくべられる薪、さらに囲炉裏や火鉢、七輪で使用される炭の燃えかすである灰も、カリ肥料となった。便所は母屋内も別棟のものもともに汲み取り式で、広く深い便槽が尿尿の貯蔵と腐熟を兼ね、肥効の高いものとして耕作物の必要に応じ汲みだされ、田畑に還元された。

図1-8　自然資源が循環利用される里山・里地の風景

　母屋の前庭は、周囲に花壇や庭木もあったが、多くは莚を広げて収穫した穀物や豆類を干したり、祭りの際には集落の各戸を訪れる獅子舞などの祭事空間ともなった。これに対して裏庭では自家用の野菜類が栽培され、周囲にはカキ、イチジク、スモモ、ビワなどの果樹類もあった。鶏小屋もあり、5～10羽程度の鶏が糠や残飯、野菜くず、未熟な穀物などで飼育されて、卵や鶏糞を産出した。祭りや来客の際には1～2羽が絞められたが、1羽は雄鶏がおり有精卵だったので、雌鶏の中には産卵を止めそれまでに産んだ卵を抱卵してヒヨコが生まれ、持続的に補充された。野菜の播種後や十分に育っていない時期を除き昼間、鶏は放し飼いされ庭や畑でミミズなどをあさったが、夕方になるとひとりでに小屋にもどるので、出入り口を閉めカギがかけられた。鶏は夜間、目が見えなくなること（鳥目）と、キツネやイタチの襲撃防止のためである。

　飲料や炊事用の水は井戸水や、各戸に引き入れられ、流れ出す用水路の早朝の水が汲み置かれ、使用された。集落や地区の取り決めで、時間帯によって、食器洗いや衣料の洗濯、風呂水の汲み取りなど、用水路の水の用途が制限され、守られていた。台所からでる下水は裏庭に掘られた小さな水溜りに排出され、水辺に生えるセリや水中での植物プランクトン、ミジンコ、ヤゴなどによる生物浄化を受けながら、野菜畑や地下に浸透していった。また五右衛門風呂からの排水にも垢などの有機物が含まれるから、壁を隔てて隣接する便所の便槽に流し込まれ、肥料として屎尿だけでは濃すぎるのを薄める効果も果たした。

第1章　里山・里地の自然

母屋に隣接して、別棟の納屋があり、1階は種々の農具や林具、収穫物の保管場所、また一部が牛小屋とされ、2階は飼料や農用の稲わら、麦わら、茅などの保存場所となった。牛（地方によっては馬）は、一般に各戸で1頭ずつ飼育されており、田畑を鋤いたり、収穫物や堆肥の運搬、茅・薪・炭・木材の搬出など、里地や里山での生産や暮らしの上で不可欠な役割を果たした。飼料は稲わらや茅、路傍や土手の刈り草、野菜くず、未熟な穀類や豆類など、全て自家産や里地・里山から得られたものだった。牛小屋の敷き材にも稲わらや茅が用いられ、踏みつけられ糞尿にまみれた敷き材は、ほぼ1週間か10日程度ごとに小屋の外に搬出し、堆肥用に積み上げられた。このような堆肥の中では、分解菌が発生・繁殖して腐熟が進行し温度が70度近くまで高まるので、冬季は上部から湯気が立ち上る。熟成しきると温度は下がり、良好な堆肥が仕上がることになる。

　一方、稲の収穫が終わり、麦を播くための田の鋤き込みも済んだ晩秋のころ、4～5年程度おきに顔なじみの博労が子牛を連れて訪ねてくる。そして農林家の成牛を引き取って、子牛との差額を支払うのである。子牛は翌年の初夏のころまでに役牛として使用できる程度に育ち、仕込まれる。このように自給飼料で家畜を育てて、畜力や堆肥を得るとともに、現金収入や肉牛の生産、また体力のある若い牛の確保を可能とする、持続的なシステムが成立していた。　　　【重松　敏則】

第2章　里山・里地の変貌

1. 都市化による里山・里地の変貌

　第2次世界大戦末期の空襲により、京都や奈良などの歴史的な都市を除き、東京、名古屋、大阪などの大都市はもちろんのこと、地方都市の多くも壊滅的な被害を受け、焼け野原となった。特に原子爆弾を投下された広島や長崎は悲惨で、壊滅だけでなく瞬時に数十万の人々が亡くなり、生き残った人々も胎内被爆者を含め後遺症に苦しんだ。筆者も子供のころ、大阪市内のあちこちに残る、広面積

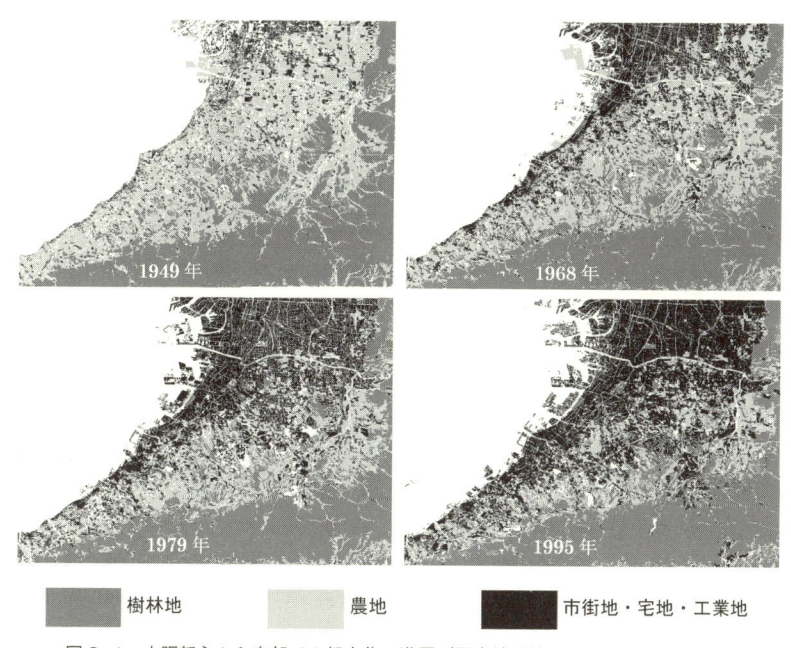

図2-1　大阪都心から南部での都市化の進展（国土地理院1/5万の地図による）

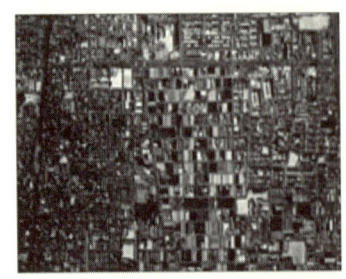

図2-2　密集住宅群が迫る貴重な都市内残存農地

の焼け落ちた廃墟を目撃したし、軍需工場に動員されていた父からは、空襲で次々と投下される焼夷弾が炸裂し、炎や火の粉が飛ぶ中、幾人もの同僚の死体を踏み越えて逃げたこと、母からは淀川の河川敷に死体が積み上げられ、荼毘にふされていた様子など、生々しい話を聞かされた。

　しかし、人の生活力や経済活動は逞しい。戦後復興によりいつしか焼け跡には住宅やビルが建ち、戦争の痕跡は見られなくなった。それだけでなく、都市域における工業の発展は労働者を必要とし、当時は大家族で労働力に余裕のあった農山村から青少年のみならず、壮年も呼び込んだから、既存の都市域だけでは住居が足りず、一部の例を除き周辺の農地への無秩序な宅地化、市街化が進行して、都市が膨張することになる。

　筆者が小学校の低学年だったころ、日本の工業製品は安価だが品質が劣り、国際的に「安かろう、悪かろう」のイメージだった。しかし、品質改善運動や科学技術の進展により、やがて日本製品は安価で故障しにくく、高品質なものと評価されて、海外への輸出がどんどん増え、経済は急激に成長するようになる。工業はますます発展し、それは農山村から都市へのさらなる人口移動で支えられたから、周辺農地への都市化の進展はいっそう急激に進行した。その背景には賃金の上昇による農山村との所得格差や、商業、流通、サービス産業など多くの雇用需要、さらにテレビの普及による画像を通した都市生活への憧れなどもあった。

　都市計画は立てられたが、急激な都市化の進展による地価の高騰と、産業振興優先の政策から、十分な公園緑地は確保できず、一部の高級住宅地や公団住宅を除き、零細工務店による「文化住宅」と称される間取りの狭い2階建ての密集住宅が、緑なす田園地帯を無秩序に蝕み、広がっていくこととなった。戦後のベビーブームで生まれた団塊の世代の生長とも重なり、小学校や中学校が次々と新設

図2-3　ニュータウン開発などで造成される里山・里地

されたが、その用地として灌漑用水の役割をなくした溜め池が埋め立てられることも少なくなかった。都市化が進む中で溜め池は残存農地とともに、その遊水機能や自然との触れ合い体験、生物多様性保存の場として貴重だったのだが。

「狭いながらも楽しい我が家～」と歌われたように、人々は狭小な住宅でも高家賃やローン返済に耐えて子育てに励み、より高い教育を受けさせること、将来に緑豊かな郊外での庭付き一戸建てに転居することなどを目標に、残業も物ともせず勤勉かつ懸命に働いた。その背景には一部の日雇い労働者や季節的な出稼ぎ等を除き、終身雇用など、将来ともに安心できる雇用体制があった。賃金は上がったが、なおも安価で高品質、精密な製品の大量な輸出は貿易摩擦を起こし、工場閉鎖や失業者問題などに直面した欧米諸国からは、日本の長時間労働や祝・休日の少なさから「エコノミックアニマル」や「会社人間」、また住宅事情の劣悪さから「ウサギ小屋に住む」と揶揄された。

やがて、集合住宅も含め、より緑豊かな良好な住環境と庭付き一戸建て住宅の提供の手段として、地価が安い都市周縁の丘陵地や里山の雑木林及びアカマツ林が伐採、造成され、ニュータウンが各地で建設されるようになった。「ハワードの田園都市」に倣って、公園や緑道が配置され、周囲にも既存林が残されたりもしたが、基本は丘や里山を削り、谷や谷津田を埋めて残土を出さないことであり、また分譲価格を抑える必要から、緑地面積の確保も十分ではなかった。それでも余る残土は、臨海部の干潟や白砂青松の海浜の埋め立てに、沖の海底からの

浚渫土の上の盛り土として活用されて、臨海工業地帯の開発造成の一端を担い、里海の消失にもつながった。

　それでもニュータウンの周囲には、緑豊かな里山や里地が広がり、自然との触れ合い体験の場となって新住民の望みをかなえ、ニュータウンの建設もそれらの緑をあてにしたものだったが、里山や里地を保全する効果的な法制度が制定されることはなかった。森林法や農地法、緑地保全法などは制定されていたが、抜け道のある「ザル法」で、公共の福祉よりも個人財産の自由が優先される法体制だったから、通勤・通学の便のためニュータウンに都心から鉄道が敷設され、あるいはバス路線が通じると、その周囲や沿線の里地・里山も、大中小の民間業者によって宅地開発やゴルフ場開発が進められるようになった。

　こうして、かつては家族でハイキングに出かけた里山も、ザリガニ、メダカ、ドジョウ、トンボ採りに興じた里地も、潮干狩りや魚釣り、海水浴を楽しんだ里海も、全国各地の都市周辺から姿を消し、身近なものではなくなったのである。

2. 燃料革命による里山の変貌

　筆者が幼年のころは、都市の日々の生活や産業用の燃料にも、薪や炭が使用された。もちろん工場では石炭も使われ、家庭用の練炭や豆炭にも粉炭とともに石炭（無煙炭）が使用されたが、薪・炭の需要は高かった。茅で作られた炭俵を、冬季に路上で燃やす「どんと焼き」には、隣近所の子供も大人も火を囲み、会話がはずんだ。農山村から供給されるカキやリンゴなどの果物も、アカマツの板で作られた木箱に、もみ殻やアカマツを細かく刻んだものをクッションに詰められていたから、果物を取り出した後、燃料になった。

　しかし、ほぼ1955年ころから60年代にかけて、石油・ガス・石炭などの化石燃料に転換する燃料革命が起こり、それらを原料とする火力発電所が臨海部に、奥山では水力発電用のダムが次々と建設された。ガスの利用や電化により生活は便利になり、化石燃料と豊富な電力の供給は日本の急激な工業生産と経済成長を支えた。

　その一方、里山のアカマツ林や雑木林は薪炭林としての役割を失い、化学肥料の普及で茅場とともに有機肥料源としても利用されず、管理が放棄されるようになった。いつしかアカマツ板の木箱は段ボール箱や発泡スチロール箱に代わり、

図2-4　松枯れが広がる保全緑地のアカマツ林

中のクッションも再生紙やプラスチックが使用されるようになる。当時は里山の植生が人手の加わった二次的自然として生態学的に評価されなかったから、生産性の喪失がニュータウン開発などへの転用を容易にし、残された周辺の里山も山間集落の里山も、もはや収入源とならず、農山村でもプロパンガスが普及したから、多くは自家用燃料にも利用されなくなった。

　アカマツ林が管理・利用されなくなると、次第に低木類が密生し、落ち葉層も厚くたまる。すると痩せた土壌条件でアカマツの根に共生していたマツタケが生えなくなり、アカマツも抵抗力を弱める。以前なら1本でも病害虫による被害木があると、林地所有者がすぐに伐り出して燃料にし、被害の広がりを防止できたが、そのまま放置すると、マツノマダラカミキリに媒介されるマツノザイセンチュウの侵入による松枯れがどんどん広がってしまう。こうして壊滅的な松枯れ被害は温暖な西日本から、冷涼な高地を除き東日本にも広がり、どんどん北上して、管理・保全された一部の例外を除き、日本人に親しまれたアカマツ林の風景もマツタケも身近なものではなくなった。松枯れ被害地では、中・低木層にあったクヌギ、コナラ、あるいは常緑樹を含む（落葉広葉樹林帯を除く）種々の広葉樹が密生・生長し、文字通りの雑木林となって、自然遷移が進行している。

　一方、雑木林も、シイタケ栽培が盛んな地域や炭焼きが継続される一部の例を除き、伐採更新されなくなって高林化し、また柴刈りされない林内にはササ類や中・低木類が密生して、林床には陽光が届かず、春植物はもちろんのこと、秋の

第2章　里山・里地の変貌　　23

図 2-5　中・低木層に常緑広葉樹が密生するコナラ林

　七草に数えられ里山でごく普通に見られた、オミナエシ、フジバカマ、キキョウなどの草花も姿を消した。さらに常緑広葉樹林帯では、自生ツツジ類やナツハゼ、ガマズミ、ムラサキシキブ、カマツカ、ネジキなどの落葉低木類（陽樹）が、長年にわたる高木による林冠の閉鎖と、そのような暗い条件でも生長できる、ヒサカキ、ソヨゴ、アラカシ、ヤブニッケイなど常緑広葉樹（陰樹）に被圧されて、花や実をつけることが困難なだけでなく、どんどん枯死している。それに加えスダジイやタブノキなど常緑高木の生長が旺盛な九州北部では、過去の薪炭材伐採による明るい林地条件があったから侵入し、生長できた高木層に混じるヤマザクラやハリギリ、ホウノキ、クリなどの落葉広葉樹が被圧されて活力が衰え、次第に枯死していく状況にある。
　この他、1992年ころから、直径30cm以上の太いシイ・カシ・ナラ類で繁殖し枯死させる、カシノナガキクイムシの被害も広がっており、2009年には24府県に及ぶと報告されている。これも薪や炭が使われなくなって、伐採更新で雑木林を若返らせなくなったことに起因している。
　さらに生産的役割をなくした里山の雑木林、アカマツ林、また茅場でさえも、建築材の生産を目的とする拡大造林政策による補助、奨励で、多くがスギ、ヒノキなどの針葉樹植林地に転換され、次章で述べられるような、景観・生物多様性や持続的生産性の貧化などの問題に直面することになる。

3. 機械化による里地の変貌

　筆者が小学生だった1956年ころまで、田畑はもっぱら牛で鋤かれ（牛耕、地方によっては馬耕）、蝶やトンボが飛び、小川や用水路、水田にもタイコウチ、ミズカマキリ、ゲンゴロウなどの水生昆虫、メダカ、ドジョウ、フナなどの魚類、カエル、イモリなどの両生類が棲む、のどかな風景が都市郊外でも見られた。これらの生き物を見たり採集することは、子供達の心をわくわくさせ、かっこうの遊びとなった。雑木林でもクヌギ、コナラの樹液を蜜源にカブトムシやクワガタムシが訪れるので、柴刈りや枝打ちされて林内が明るく開放的だった当時は、夏休みともなると子供達が嬉々として林間を駆け巡るのだった。

　しかし、昭和30（1955）年代の高度成長期に入ると、牛や馬に代わってエンジン式の動力耕耘機が登場し、急速に普及するにつれ、牛や馬が都市近郊農村はもとより、筆者が生まれ、幼少期を過ごした愛媛県の山里でも飼われなくなり、姿を消した。牛や馬なら狭い農道や急な坂でも往来でき、小面積の田畑でも対応可能だが、動力耕耘機の普及と、その後のトラクター、田植え機、コンバインなど、農業の機械化と大型化は、その操作性の上で、交換分合による農地や農道の拡幅、畦畔や小川・用水路の直線化、湿田の乾田化などの区画整理や圃場整備を必要とする。

　区画整理は江戸時代以前から実施され、明治時代に入り盛んになって、明治32年（1899）には耕地整理法が制定されてもいる。ただ、1区画の面積はそれほど広くなく、排水を兼ねる用水路も多くが土手や石張りで浅く、メダカ、ドジョウ、フナ、ナマズなどの魚も水田と容易に往来できた。しかし、耕地整理法が昭和24年（1949）に廃止され、昭和29年（1954）に土地区画整理法が制定される。それはそもそも都市計画区域内の土地について、公共施設の整備改善や宅地の利用促進を、郊外の宅地造成も含め意図したものだったことから、行政の奨励・補助事業として、農業の機械化にも合わせて区画はより広い面積で行われるようになる。しかも、排水を徹底するために灌漑水路は深く掘り下げられて、コンクリートの3面張りとされ、水田への用水は必要な時に動力ポンプで汲み上げられ、ついにはパイプラインで給水されるようにさえなった。

　農業の機械化は農家の労働を大きく軽減、省力化させ、コンクリート化は草刈りの手間を省いた。もはや、刈り草を飼い葉とする牛や馬はいないのだ。こうし

て、のどかな風景は貧化し、生き物の棲みにくい環境になったが、さらに生物多様性にとって致命的だったのは、機械化と表裏一体に普及した農薬や除草剤の多用である。農薬は病害虫の蔓延防止に効果的であり、除草剤は腰をかがめた夏季のきつい田草取りから農家を解放し、畦や道端の雑草防除を楽にした。しかし、益虫や「ただの虫」を含め、ホタルやメダカ、ドジョウなど多様な生き物が姿を消し、羽毛を目当てとした明治維新後の乱獲によるところが大きいが、希少種で天然記念物となった佐渡のトキも豊岡（兵庫県）のコウノトリも、餌が得られず、たとえ得られても農薬の生物濃縮によって生殖能力を失い、絶滅してしまった。

また、筆者が小学6年生（1956）ころまでは、都市住民の便所も汲み取り式が一般的で、屎尿は生ゴミや紙くずなどとともに、近郊の農地に効果的な有機肥料として還元された。4年生の時に、日本最大の前方後円墳である仁徳天皇陵が近くに望める、堺市郊外の緑なす田園地帯に建設された、4階建ての大阪府営団地（ちなみに水洗便所）に引っ越したが、周辺の田畑では屎尿を搬入して熟成させる肥溜め（野壺）やゴミの山（腐熟させて利用）が、あちこちに見られた。学校では「下肥（屎尿）を肥料に使用するのは文化的に遅れているから、一生懸命勉強して、早くアメリカのような立派な国に発展しましょう」と教えられた。生野菜を通じて腸に回虫が寄生し、学校では定期的に駆除剤であるマクリ（海人草）の煎薬を飲まされた。実際、筆者の肛門からも数回、2～3匹の回虫（10～15cm程度）が出てきて、ハイキング先で母に取ってもらったこともある。そして、中国や日本における都市から排泄される屎尿やゴミの農地への還元が豊かな生産を支え、都市を清潔にし、河川や海を汚さない、無類の方法であると1800年代にリービヒやビクトル・ユーゴーが指摘しているのを知るのは、成人して研究者となった、ずっと後のことである。

農業の機械化によって軽便な化学肥料が普及し、いつしか屎尿は下水処理場で、あるいは海洋投棄され、ゴミは湿地や沿岸部での埋め立て処分、後には焼却処分されるようになる。せっかく広く区画整理されても、都市計画法による市街化区域では、農地は宅地として高く売れたから手放す農家が多く、一方、地価の高騰は狭小な2階建て住宅が密集するところとなった。建築基準法は書類審査が通れば人手不足で後の監視が行き届かず、建蔽率に違反する不法建築も建ってし

まえば、私有財産の尊重が優先される法制度から、黙認された。都市化の中でも農業を継続する農家もあり、それらの農地は不足する公園の機能を補い、緑の景観の広がりや農作物が育つ様子の観察の場、また避難緑地や遊水地として貴重だったが、地価の高騰は固定資産税や相続税を高額にし、その支払いのために切り売りせざるを得なかった。さらに味方であるべき新住民からの農業機械のエンジン音や排気ガス、農薬散布への苦情、子供のいたずらや空き缶の投棄などが農業意欲を減退させ、廃業することになった。このような過程で土地成金（土地長者）が生まれる一方、農業をやめて生きがいをなくし、運動不足になった老齢者の中には痴呆が進み、寝たきりなることも少なくなかった。

　急激な都市化で下水管の敷設が追い付かず、灌漑排水路に垂れ流しになったから、水は汚染されて悪臭を放ち、やがて道路の拡幅のために暗渠化が進行した。汚染水は河川に流入し、工場排水も河川や海に垂れ流されたから、河川水も里海も汚染され、有機水銀の生物濃縮による「水俣病」や、同じくカドミウムによる「イタイイタイ病」など、深刻で今なお被害者が苦しむ事態さえ生じた。

　農地が保全される市街化調整区域でも、法律の抜け穴から、さみだれ状に民家が建ち、5年ごとの線引きの見直しにより、次々と市街化区域に編入されたから、筆者が中学、高校、大学と進級・進学するうちに、かつての緑なす田園地帯は住宅団地や密集住宅で覆い尽くされた。優良な農地の喪失と劣悪な都市化の進展に「日本はこの先どうなるのだろう」と不安が募るばかりだった。

　一方、昭和37年（1962）に閣議決定された「農業構造改善事業促進対策」は、都市化、工業化が予想される地域などを除き事業が実施されることとされたが、農業の機械化に対応した区画整理、コンクリート製のU字溝や3面張りの灌漑排水路などの整備が進み、そして農薬や除草剤の多用が、やはり風景や生物多様性の貧化につながった。それだけでなく、鉄道のスピード化や駅前からのバス路線網、自家用車の普及は都市への遠距離通勤を可能にし、このような事業地も住宅地として提供される結果になることも少なくなかった。

　農業が継続されている地域や地方でも、米を除く農産物の輸入自由化や国内での産地間競争、市場の需要に合わせ、かつての多品種少量栽培から単作大量栽培になった。農業の圃場整備と機械化は生産性を高め、農家のたゆまぬ努力や育種による多収穫作物への品種改良も貢献して、秋田県における10a当たりの米の生

図2-6　コンクリート化で貧化する生物多様性と景観

図2-7　コンクリートによる修復で貧化する棚田の風景

産の事例では、昭和20年（1945）は218kgだったのが、昭和50年（1975）には576kgと倍増し、昭和59年（1984）には600kgを突破している。しかし、一部の専業農家を除き、農業機械による省力化は多くの兼業農業を可能にして、中・壮年や青年を農業外の労働に就かせることになる。

4. 過疎・高齢化による里地の変貌
　過疎地の農山村の棚田でも機械化は進み、一部の有機農家を除き、農薬や除草剤、化学肥料が普及したから、最上流部の沼や池、谷川を除き、多くの生き物が

図2-8　過疎と高齢化で耕作放棄（向こう側）が進む

姿を消した。動力耕耘機の入り道のない棚田は次第に耕作放棄されて藪化したり、スギが植林されたりした。耕耘機が入る棚田も主人の高齢化や老衰死を機に耕作放棄される。夜間に気温が下がる棚田米は美味だが評価されることは少なく、平地の水田に比較して生産性は低いから、所得格差は広がり、若者のほとんどは都市に出てしまう。

　高齢化すると都市で生計を立てる息子や娘に引き取られることも多いから、過疎化はいっそう進行する。過疎化や兼業化は共同作業を困難にするので、棚田の石垣が崩れても、元の自然石の空石積みにされることは少なく、補助が出るコンクリートブロック化が建設業者の手で行われる。棚田の景観は貧化するし、その部分は隙間がないので動植物は共生できない。安価な麦や菜種油が輸入され、飼料や緑肥としても利用されなくなったので、冬作の麦は栽培されなくなり、菜の花畑やレンゲ畑の風景もあまり見られなくなった。

　雑木林の高木層を構成する落葉性のクヌギ、コナラ、アベマキなどは、暖地の常緑性のスダジイやアラカシなどもそうだが、毎年秋にドングリをどっさり実らせ、林地（林床）に落下させる。それはイノシシにとって格好の餌となり、また柴刈りされなくなって密生した低木類は身を潜めるのに都合が良い。かくして、人の過疎・高齢化で大胆となったイノシシが収穫前の農作物を食い荒らし、踏みつけて甚大な被害を与えることになる。地域によってはサルやシカによる被害も問題となっている。これには奥山の自然林を含め、里山の多くがスギ、ヒノキの人工林に転換されたのに、間伐管理不行き届きとなり、林内が真っ暗になって、

第2章　里山・里地の変貌

餌となる植物がほとんど生えなくなったことも関係している。

　以前は雑木林やアカマツ林の見通しが利き、銃で狩猟する人も少なくなかったが、高齢化で狩猟しなくなり、また若い人は動物を銃で撃ち殺すことに抵抗感があって、狩猟免許をとらなくなった。こうして甚大な獣害は、農家の生活を困難にし、ますます過疎化が進むことになる。

　一方、茅場も過疎と高齢化で輪地切りや火入れが困難となり、阿蘇高原での市民ボランティアの応援を募って活動するグリーンストックの例などを除き、藪化と森林化が進行し、草原性の多様な植物が次第に姿を消している。九州の久住高原や雲仙では、放牧されることによって草原が維持され、食いのこされたミヤマキリシマの開花が国立公園の重要な観光資源ともなったが、安価な輸入肉に押されて放牧されなくなり、仙酔峡など一部の区域を除き、特有の美しい景観が失われつつある。

【重松　敏則】

第3章　人工林の実態と管理・活用

1. 人工林の定義と資源の特性

　人工林とは、利用目的に応じた樹種を育成するために、人の手により苗木の植栽や播種、挿し木を行い、成立した樹木群のことである。人工林には、椎茸原木用のクヌギや建築用材としてのケヤキなどの広葉樹人工林もあるが、スギ、ヒノキ、カラマツなどの針葉樹人工林が多くを占める。針葉樹人工林では建築用材などを効率よく生産する必要性から、同一樹種、同一品種を一斉に植林した場合が多く、育成段階で適切な密度管理（除伐や間伐）を行うことが必須である。

　2007年度の林野庁の「森林資源現況調査」によると（表3-1）、日本の森林面積は2,510万ha、そのうち人工林は1,035万haと約4割を占める。歴史的にみると戦後、森林面積は約2,500万haでほぼ一定であるが、人工林は戦中戦後の荒廃地への造林（1950～60年代）と天然林の伐採後に人工林を造林する「拡大造林」期（1960年代後半～70年代）に割合が高まり、1980年代以降、人工林の面積はほぼ一定で推移している。一方、森林蓄積量（＝林木材積）は、この間増加している。1966年には蓄積量18.8億m^3（うち人工林29.8％）であったが、1990年代には30億m^3、2000年代になって40億m^3を凌駕し、2007年には44.3

表3-1　日本の森林面積・蓄積の推移

（単位：万ha、億m^3、％）

	1966年	1976年	1986年	1995年	2002年	2007年
森林面積（万ha）	2,517	2,527	2,526	2,515	2,512	2,510
うち人工林（比率）	793 (31.5%)	938 (37.1%)	1,022 (40.5%)	1,040 (41.4%)	1,036 (41.2%)	1,035 (41.2%)
森林蓄積量（億m^3）	18.8	21.9	28.6	34.8	40.4	44.3
うち人工林（比率）	5.6 (29.8%)	8.0 (36.5%)	13.6 (47.5%)	18.9 (54.3%)	23.4 (57.9%)	26.5 (59.8%)

資料：林野庁「森林資源現況調査」結果より作成

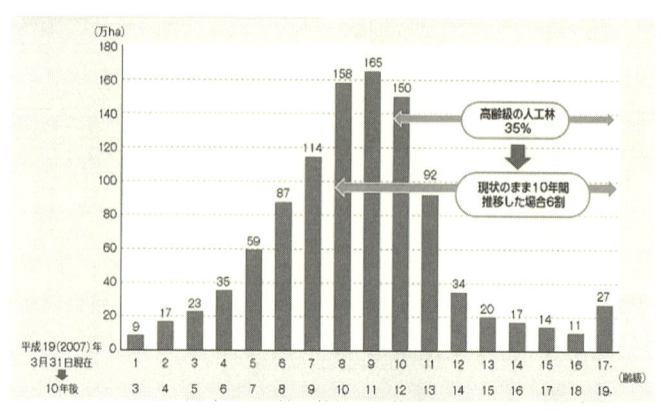

図3-1 我が国人工林の齢級別面積（2007年3月31日現在）
出典：平成21年度森林・林業白書、8ページ
（元資料は林野庁業務資料であり、森林計画の対象森林の面積である）

億m^3でその約6割が人工林となっている。人工林の蓄積量は過去40年間に5倍となり、日本の人工林資源は面積的に森林の約4割、蓄積量では約6割を占め、素材としての森林バイオマス量は人工林のほうが天然林を上回っている。

世界的にみた日本の森林資源の特徴をFAOの2005年「Global forest resources assessment」ならびに2009年「FAOSTAT」から指摘しておくと、第1に、高い森林率（世界平均が30.3％に対して、日本は68.2％）であること、第2に、森林に占める人工林比率の高さ（世界平均3.8％に対して、日本は41.5％）であり、世界全体の人工林面積は1.4億haの約6％で、日本は、中国、アメリカ、ロシアに次いで第4位の人工林を有している。しかし、第3の特徴として、低い木材自給率をあげることができる。2002年の18.2％を底に近年上昇傾向にあるものの、2008年度24.0％で、国内木材利用の3/4以上は外材が占める。2009年の木材輸入量は中国、フィンランド（製品輸出のための原料木材の輸入）に次いで世界第3位である。第4の特徴とは、木材利用の中で薪炭利用（＝エネルギー利用）の低さである。世界平均では52.5％、アフリカやアジア諸国の途上国で高いものの、ヨーロッパ平均で20.9％であるのに対して、日本はわずか0.75％である。

人工林の齢級別面積（1齢級＝5年）をみると（図3-1）、人工林が7齢級〜

10齢級に集中していることが分かる。これらの齢級は混み合ってきた林の木々の一部を抜き伐る間伐が必要であると同時に10齢級以上（46年生以上）ではスギを中心に伐期に達した林分割合が高まっている。2007年段階で人工林の35％が10齢級以上となっており、このまま主伐されずに推移すると、10年後には、人工林の約6割が10齢級以上になることが示されている。一方で、4齢級未満の若齢林分が極端に少ない構成であり、このまま推移すると、資源的にいびつな構成となる。森林が循環型社会の形成を支える基盤として役割を果たすためには、将来にわたって人工林資源の供給を可能にするような齢級構成の平準化が必要である。そのため、間伐による長伐期化と同時に主伐後の再造林化、及び造林不適地については天然林化を地域特性に応じて進めることが求められる。

なお、齢級構成が高齢級化するということは二酸化炭素の吸収量の低下をもたらす。二酸化炭素の吸収量は葉による光合成量と樹木の呼吸量の差であり、若齢林分のほうが優れている。京都議定書の第1約束期間（2008～2012年）において、日本は国内森林で上限1,300万炭素トン（1990年の二酸化炭素排出量の3.8％分）を上限にして吸収量を二酸化炭素削減量に算定することが認められているが、このまま人工林が高齢級化すると次期対策では温暖化抑止に果たす森林の役割は低下すると予想される[1]。

以上のように、日本は戦中戦後の森林荒廃の復興造林、その後の旺盛な住宅建築による木材需要を背景とした拡大造林によって、約1,000万haの人工林が形成されたが、木材輸入の拡大とエネルギーをはじめとした木材需要の減退のもとで、木材自給率が低く、循環的な利用がなされないまま齢級の偏りが大きい資源構成となっている。したがって、我が国の森林は環境保全と同時に人工林の資源をいかに利活用していくのか、林業の再生が大きな課題となっている。

2. 木材価格低迷下における人工林資源の荒廃化
(1) 木材価格にみる林業の外部環境の変化

森林の多面的な機能が注目され、林業の再生と環境保全の調和が強く求められる時代である。しかし、林業を取り巻く現状は極めて厳しい状況にある。木材価格の推移からその現状とそのもとで発生している問題を紹介しておきたい。

図3-2は人工林で最も多いスギの製品価格（柱10.5cm角）、原木価格（直径

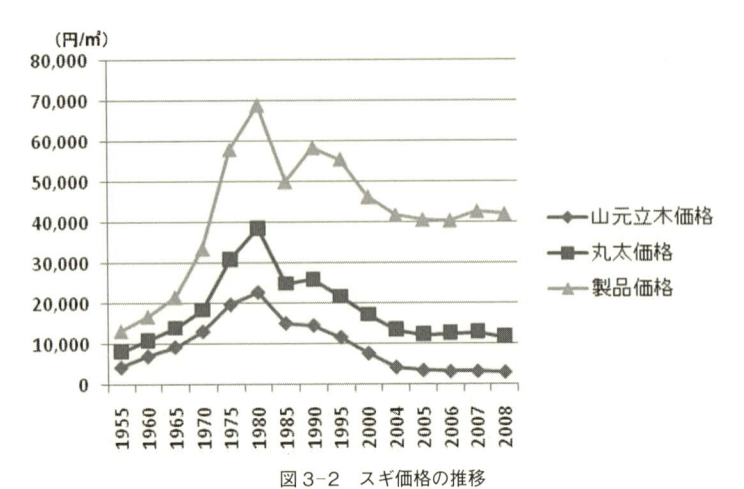

図3-2　スギ価格の推移
資料：農林水産省統計部「木材価格」、日本不動産研究所「山林素地及び山元立木価格調」

14〜22cm、長さ3.65〜4mの中丸太の工場着価格)、山元立木価格（森林所有者が立木で素材生産業者に販売する価格）の推移を示したものである。1980年まで物価上昇以上の高騰をみせた木材価格は、製品価格は1980年代後半のバブル経済時代に再度上昇したものの、丸太価格、特に山元立木価格は1980年をピークに、1990年代以降、大きく下落している。とりわけ、森林所有者の収入となる立木価格の下げ幅が大きく、2008年のスギ立木価格（3,164円/m^3）は1980年の15%という水準であり、1960年よりも低下している。1980年以降、製品価格マイナス丸太価格である製材・加工段階への配分（コスト＋利潤）は大きな変化がないまま、専ら山元立木価格、すなわち森林所有者にしわ寄せが集中している。

　この背景には外材の大量輸入や為替相場の円高化という外的要因に加えて、①製材業界の古い体質（価格高騰期の空気売り体質など）、②外材体制の中で林産地が専ら高級材志向を強めたこと、③一方で、建築需要は和室減少や大壁工法の一般化による色や木目を重視する高級材需要の減少、④阪神・淡路大震災（1995年）を契機として乾燥や強度などの性能が木材に求められ、「住宅等の品質確保の推進に関する法律」（通称、品確法）が2000年に制定されたものの、対応が遅

れたことなど、我が国林業内部の問題も指摘されているところである[2]。1990年代後半からは外材よりも国産材の原木価格が低下したにもかかわらず、国産材の需要は上向かず、寸法が安定して住宅建築後に消費者からクレームがこない北欧などから輸入された集成材（挽き板または小角材を、その繊維方向を互いにほぼ平行にして、厚さ、幅および長さ方向に集成接着した一般材〈日本農林規格定義〉）の輸入が急増した[3]。

2000年以降になると中国やインドなどの新興国の木材需要やロシア材の輸出関税の引き上げなど外材輸入環境が変化している。さらに国産材における官民での乾燥技術の普及や集成材化、合板加工技術の向上などによって、前述のとおり木材自給率が2002年18.2％を底に、2008年は24.0％まで持ち直してきたところである。なお、用材種別に自給率をみると、製材用材が40.9％、合板用材が20.8％に対して紙原料であるパルプ・チップ材は13.5％である（林野庁「木材需給表」）。

このように全体的に木材自給率が上向いてきているところであるが、他方で2008年のサブプライム金融危機後の不況の中で、住宅着工戸数が減少している。木材需要量が1966年以来、42年ぶりに8,000万m^3を下回ることとなり、その後、木材価格は更に下落し、2010年5月の本稿執筆段階もその影響から脱していない。

(2) 人工林資源荒廃の局面

こうした厳しい林業情勢のもとで、人工林資源の循環が滞り、その結果、森林荒廃が進み、様々な環境面での問題が発生している。定量的なものではないが、事例的に写真を示しながら紹介したい。

第1は、間伐などの必要な保育作業が放棄されることによって、下層植生が繁茂せず森林の水土保全機能が低下すると同時に、樹冠長率が低くなり樹木の重心が高まることで台風被害などのリスクが高まることが危惧される人工林の存在である[4]。京都議定書で既存の森林の吸収量を削減量としてカウントするためには、何らかの人為的な活動を実施して森林の健全度を保っていることが必要とされるため、温暖化対策として間伐が推進されている。その結果、間伐実施面積は高まっているものの、里山においても果樹園や水田の耕作放棄地への植林地など

図3-3 間伐遅れ林分の写真
（左）果樹園地植林後に無間伐採放棄スギ林（2007年6月、佐賀県・旧相知町）、（右）水田の耕作地へのスギ造林後、間伐が遅れた林分（2007年9月宮崎県椎葉村）

では、一度も間伐されていない例も多くみられる（図3-3）。

第2は、林業生産が活発な地域で1990年代後半から見られるようになった大面積の皆伐とその後の再造林の放棄という問題である。木材価格が下落する中で伐採・搬出のコストを抑えて収入を確保するために、無秩序な搬出路の作設や谷への枝条投棄などがみられ（図3-4）、一部で土砂崩壊が起こるなど社会問題化している。再造林放棄後の天然林への植生回復状況については、長島ら[5]が調査報告しており、植生回復を阻害する最大要因としてシカの食害圧が指摘されている。再造林放棄は人工林から天然林への移行という面を有しているが、一方で人工林資源の循環的な利用は断絶する。持続的な森林管理のためには、前述のように人工林の齢級構成を平準化させ、人工林と天然林の適切な配置が必要である。また、伐採や搬出路の開設時には環境に配慮した方法の採用が求められる。このことは生物多様性や農山村のランドスケープ（景観）保全などとも関わる課題である。

第3の問題は、農業用水路や畦畔管理とも関連するが、受益者である森林所有者や集落住民が裏方の共同作業として実施してきた集落道や作業道の維持管理作業が過疎・高齢化の影響で困難になっていることである（図3-5）。作業道は人工林の適切な管理、特に間伐の推進にとって、不可欠な生産基盤である。災害に強い作業道作りが必要であると同時に、維持管理のソフト面での体制整備が求められる。

図3-4 大面積皆伐・再造林放棄地の写真
①作業路を縦横に入れた皆伐地（宮崎県五ヶ瀬川上流域，土井裕子氏写真提供）、②谷に枝条が落とされたままになっている皆伐地（2005年8月、熊本県球磨村）、③作業路からの崩壊が見られる約100haの再造林放棄地（2005年4月、熊本県球磨村）、④シカの食害のため天然更新が遅れている約60haの再造林放棄地（2007年9月、大分県佐伯市）

図3-5 作業道の維持管理実態
左の写真は管理されていない作業道横断工（2007年9月、宮崎県椎葉村）、右写真は作業道を起点とした崩壊現場（2007年9月、宮崎県美郷町）

第3章 人工林の実態と管理・活用

3. 低炭素社会に向けた人工林資源活用の意義と方策
(1) 人工林資源活用の意義

　日本は森の国、木の国と言われ、かつて森林を資源としてあらゆる形で利用してきた国である。その営みをわずか数十年の間に捨て去ろうとしている。

　今日、循環型低炭素社会形成の必要性は一般的に認識されつつあるが、森林資源の循環利用をその中に組み入れることの重要性に対する認識は極めて低い。それは、循環型社会という捉え方がリサイクル、リユース、省資源化といった小循環レベルの議論が中心となっているためだと考えられる。日本は国土のほぼ全域で森林が育つ条件を備えており、森林は太陽エネルギーで再生可能な最大のバイオマスである。この森林資源を地域で循環利用することを社会システムに埋め戻すことが、真の循環型社会の形成に寄与する。特に、木材はかさが大きく運搬エネルギーが大きいため、地域資源としてできるだけ近くで利活用を推進することが必要である。そのことは山村と都市との交流と連携を深め、両者が持続しうる地域社会を再構築することでもある。

　また、林業・木材産業のあり方は地域経済や地域固有の文化や町並み、生活様式ともかかわっている問題である。食とならんで住まいは気候、風土に規定され、地域固有性を有し、住や木製品に関わる多様な技術者の存在がそれを支えてきた。

　しかし、日本では、住宅様式の面では画一化が、町並みという面では無秩序化が進行している。木造住宅であっても先に述べたように、真壁から大壁工法へ工法が変化し、住宅部材の工業製品化が進行する過程で、職人技術が発揮できる仕事が減っている。大工・左官職人の減少や高齢化と相まって、都市部を中心に木造住宅技術の継承問題が深刻化している。こうした流れの中で出てきたのがシックハウス症候群を引き起こす室内環境汚染問題や欠陥住宅問題である。また、生活用品や農業資材などの非木質化（＝石油製品化）は、プラスチックゴミの増大、使い捨て文化を助長するという点で、地域の環境問題と深く結びついていることも見過ごせない。

　森林資源、特に人工林の適正管理と有効活用による地域循環型社会を構築するために、①地域材住宅のネットワーク形成と木材流通構造の再編、②エネルギー利用の推進、③パルプ・チップ材の国産化、④森林と木材に対する知識と親しみ

を醸成する森林環境教育と木育の推進、以上4点の課題を提起したい。

(2) 地域材住宅のネットワーク形成と木材流通構造の再編

　人工林資源の有効活用にとって、国産材需要の中心となっている住宅分野において地域材利用を高める、地産地消型の住宅づくりを広げることは特に重要である。先に見たように、一方で外材製品と価格競争ができるグローバルスタンダード（国際的基準）の均質製品を定時に大量供給することが林業復活、ひいては山村の活性化に繋がると期待する論調が現在、高まっている。都市への人口集中と大手ハウスメーカーによる住宅供給割合が増加している現状で、そうした大量需要への対応が求められているのだが、コスト競争のみになりかねず市場経済に翻弄される危険性がある。要はグローバル市場に対応しつつも、ローカルな一定の範域＝自給圏を想定した、林業と住宅づくりの関係性を回復する試みが重要であろう。

　木材を地域で循環的に利用するという、かつては当たり前だったことが、短期間の内に切断されている状況の中で、連携を再構築するためには運動としてのネットワーク作りが不可欠となっている。住宅のあり方は、地球環境や地域環境の問題と密接に関連していると同時に、室内環境という点においては、居住者が健康に暮らすという基本的な生存条件にかかわる問題でもある。なお、ストレスが多く、アレルギー疾患が増加している現代社会において、どのような住空間でどのような生活スタイルを確立するのかという点を考えると、単に過去の伝統的な住宅供給の仕組みを再興すれば事足りるという状況にはない。こうした現状に対して、家造りが本来有する地域経済や地域文化との関連性を再構築しようとする建築関係者を起点とした運動が各地に広がっている。

　その例として、「土佐派の家」を紹介しておきたい。同会は（社）高知県建築設計監理協会内の「土佐派の家委員会」に所属する建築家集団を母体としている。多湿で台風常襲地にある高知県において、その気候風土に合った家造りを目指している。「土佐派の家」の条件として、①地場の産出する優れた素材（特に、土佐材、土佐漆喰、土佐和紙）を使う、②地場の職人の手によって施工する、③昔ながらの家ではなく現代の生活感覚に合ったものとする、という3つの緩やかな条件を掲げて12人の建築家が民家建築を担っている。また写真に示している

図3-6 「土佐派の家」による公共施設設計事例
（左：はりまや橋商店街アーケード（1998年西森啓史氏他設計）、右：南国市県営高齢者住宅（1996年山本長水氏設計）写真は著者（2004年5月））

ようにアーケードや公共住宅を木造づくりにするなど、行政の後押しも重要である（図3-6）。

　一般的に、林業地はこれまで森林を育て、成長した材を原木市場に出荷すれば、事足りていた産地が多い。製材・加工業者においても製材市場への出荷までであり、住宅供給の現場や施主とのかかわりを持つのは未経験な場合がほとんどである。一方、施主にとっても、住宅購入は農産物とは異なり、日常的なものではなく、木材の知識も後述するように極めて少ない状況にある。両者を繋ぐためには、コーディネーターとなる人材の存在が決定的であり、産地側による説明努力、そして消費者の納得という過程が不可欠である。

(3) エネルギー利用の推進

　住宅分野だけでは、今後一層進む少子・高齢化の中で予想される住宅着工数の減少、一方で森林資源量の増加という状況の中で、潜在的な需給ギャップを埋めることは困難である。また、未間伐人工林における低質材や増大する竹資源などの有効活用は森林保全上、さらには地域経済活性化にとっても急務である。そのためには、様々な高次加工の木質材料の開発と同時に、木質エネルギー利用の普及拡大が重要である。

　化石エネルギーから自然エネルギーへの転換は循環型社会形成にとって不可欠であるという面からも、木質バイオマスのエネルギー利用は今日的課題である。

2002年12月に閣議決定された「バイオマス・ニッポン総合戦略」においても、製材工場などの残材、間伐材や被害木を含む林地残材、建築発生木材を木質バイオマスとして、その利活用が掲げられた。木質バイオマスは広く、薄く存在し、かさが張り集荷コストが大きいという特徴があるため、小地域単位においてエネルギーの供給＝消費システムを構築することが必要である。近年、各地で実証試験が行われ、先進国に比べて大きな遅れをとっていたエネルギー変換の技術の向上が図られている。地方自治体段階においてもバイオマスエネルギーの本格稼働に向けた様々な取り組みがみられる。

　例えば、福岡県八女市健康増進施設（べんがら村）は域内の八女森林組合と八女林産協同組合との間で協定を結び、製材加工段階で発生する製材端材をチップ化（数cm角に切り砕いたもの）して、チップボイラー（定格出力550kW・47万3,000kcal/h）を用いて温泉水の加温と給湯を行っている。導入前の2007年度に比べて、2009年度はA重油の二酸化炭素の排出量を約半分に削減することができたとされる。チップボイラーの導入にあたっては、NEDO（新エネルギー・産業技術総合開発機構）の地域新エネルギー等導入促進事業を利用しているものの、重油購入量の減少による経費削減によって、チップの仕入れとボイラーなど設備の償却費は賄えるとのことである。さらに、化石燃料削減による二酸化炭素の排出削減分（610CO_2t分）は環境省が認定した国内クレジット制度に則って、CO_2削減の自主目標を掲げる大企業2社に販売されている。

　京都議定書の第一約束期間（2008〜2012年）の期限が迫り、さらに、政権交代後、新政権は2020年までに1990年比で25％の排出削減を掲げたところである。エネルギー政策全般の見直しの中で地域を基礎とした木質バイオマスエネルギーの利用促進は重要であり、べんがら村のチップボイラーの経験は注目すべき事例だといえる。

（4）紙原料の国産化

　林野庁資料によると、日本の木材需要（2008年度7,797万m^3）の中で、紙原料のパルプ・チップは3,786万m^3（48.6％）を占め、製材需要が減退する中、その比重を高めている。前述のとおり、パルプ・チップ材の自給率は13.5％と極めて低く、木材自給率の向上にはパルプ・チップの国産化は欠かせない課題であ

る。多くのパルプ・チップ材は、オーストラリア、チリ、南アフリカ、アメリカなど非常に遠方から輸入しており、流通エネルギーが大きい。

　製紙業界の中には、環境配慮として、森林認証材の調達によって違法伐採材を排除するなど、持続可能な森林経営からの材料であることをアピールしている企業もある。しかし、低炭素で循環型社会の形成に寄与するという観点からは、国産材でかつ、できるだけ近くの資源を活用する道を模索すべきであろう。

　なお、循環型社会という観点からは、リサイクルによる古紙利用とバージン資源としてのパルプ・チップ利用との関係が重要であろう。廃棄物の減量ためには古紙利用率の向上が必要であるが、一方、紙生産に必要な繊維の長さはリサイクルの度に徐々に短くなり、また再利用には脱インク・清浄という過程でエネルギーが必要となる[6]。つまり、古紙と伐採材の適切な配合が必要であり、消費者は自然と切り離された内部循環のみにとらわれずバージン資源の調達先や方法にも関心を持つこと、そして紙に必要以上の白色度を求めないことが必要だと思われる。2009年4月に改正されたグリーン購入法では古紙（70％以上）と間伐材や森林認証材など（30％以下）を配合したものが適合紙として認められるようになったところである。

　この点で、近年注目されているのが九州森林管理局を中心に取り組まれている、スギ間伐材を利用したコピー用紙等の製造・販売である。製紙会社や原木市場、森林組合などが協働して、紙1kg当たり5円を間伐した森林所有者へ還元する試みを実施している。紙はだれもが日常的に使うものであり、同じ森林資源を原材料としている製材品とは異なる。先に述べたネットワークによる住宅作りにおける木材消費は、林業家にとっては主力品であり山村への経済効果が大きいものの、消費者にとっては1生に1度あるかないかの購買機会である。同じ産直といっても農産物と違い、運動として継続して消費者がかかわるという点で非常に難しい。その点で、紙利用の場合、消費者が森林のあり方を意識するきっかけになりやすいと思われる。なお、紙の原料としては、繊維の長い針葉樹（人工林が主）と繊維質が短い広葉樹（天然林が主）とでは紙質が異なり、コピー用紙など平滑性が必要な紙は広葉樹のほうが適する。そのため、人工林の間伐材だけではなく手入れ不足の里山天然林の資源についても今後は、適切な管理に繋がるようなパルプ・チップ利用の可能性を模索する必要があろう。

(5) 森林環境と木材教育の重要性

　地域の木材利用を推進するための課題の最後に、森林環境および木材教育の重要性について指摘しておきたい。有馬隆禮氏は「問題はかつては『日常的な経験から常識』とされてきたことが、『知識としてあるが、経験を通して認識されていない』傾向がみられることである。皮相的な言い方をすると、木材に対する知識は進歩していない」[7]と指摘している。実際、森の歩き方を知らない子供、「木の伐採＝自然破壊」と思い込んでいる初等教育の教師、木造住宅の設計を経験したことがない建築学科の卒業生、木材に対する二律背反のこと（例えば、柔らかい肌触りと傷のつきにくさ）を要求する消費者などなど……森林や木材に対する知識と親しみを伝えることなしに、木材の利用拡大は展望を見出せない状況にある。

　今日、幼児教育から大学教育、社会人教育の全てに渡って森林・木材に関する知識を意識的に伝えることが必要となっている。2003年には「環境の保全のための意欲の増進および環境教育の推進に関する法律」が施行され、翌2004年には「基本的な方針」が閣議決定されたところである。河川環境などと並んで森林環境教育を体系的に行えるような体制整備が求められる。森林環境教育の推進には、フィールドの提供、授業への講師派遣、勉強会の開催などなど、森林林業セクターの参加が不可欠である。そこでは、森林や林業の役割を教える森林環境教育だけではなく、木材の性質の教育や肌触りなどを体験する「木育」が重要だと思われる。

【佐藤　宣子】

第4章　新たな里山・里地の提案

1. 里山の保全と循環利用

　里山の保全と循環利用を進めるには、雑木林やスギ・ヒノキ林を問わず、森林が本来有している多面的な機能（CO_2固定や水源涵養・洪水防止、生物多様性・土壌保全、木材・バイオマスエネルギー生産、自然との触れ合い体験の場など）を、現在の経済的コスト問題を越えて、社会や政治が評価し対応しなければならない。地球温暖化防止のための低炭素社会構築の上でも、それは不可欠である。スギ・ヒノキ林に対しては既に間伐助成制度はあるが、搬出すると赤字になるので林内に捨て置かれることが多い。長伐期択伐施業などにより営林している篤林家もいるが、多くの林家は零細であり、高齢化と後継者もいないため、林境が定かでなくなることも問題となっている。林地残材や製材端材をバイオ発電やバイオガス、ストーブ用のチップとして活用されるようにもなったが、主に集材コストの問題から普及していない。

　雑木林でも、地域的にはシイタケ栽培用の榾木や炭焼き用材の生産のため、伐採更新が行われている事例はある。しかし、多くは管理放棄されたままで高林化しており、林内も次第に常緑広葉樹が優占、密生しており、暗く閉鎖された森は不気味で人を寄せ付けず、生物多様性も貧化している。

　このような実状にある里山を今後どのように保全し、持続的に循環利用すればよいのだろうか。先ず以て、林地所有者や地元住民の理解と協力が欠かせないし、社会認識の向上や、低炭素社会の実現に向けた有機横断的な情熱ある行政施策が必要である。それには体験による幼・青少年期からの環境教育や木育と成人を含む担い手（人材）養成、ならびにそれを支える全国各地のボランティア活動団体のネットワーク構築による、「いつでも」「だれでも」「どこでも」参加できるシステムが不可欠である。メディアや民間企業の協力・支援もなくてはならな

い。それは、だれもが安心し、生活や人生を楽しめる社会づくりでもある。以下はそれを前提に、具体的な里山の保全と循環利用ついて述べる。

(1) 地形による対応

傾斜が35度以上の急斜面や尾根部、山頂部は、土壌が薄くて植林しても生長が悪く、管理作業も危険であるから、自然遷移にまかせて天然林に戻し、生物回廊とするのがよい。ただし、山頂部や尾根部は見晴らしがよいので、ハイキングルートの登頂点や尾根筋の所々には、柴刈りや草刈りにより、眺望を確保することも望まれる。コンクリート製の展望台などは、できれば避けたい。

(2) アカマツ林の復元と管理

アカマツ林の風景は風情があり、伝統的木造建築の梁材やマツタケ生産による地域活性のためにもその復元には意義がある。比較的土壌が薄い斜面上部で、広葉樹材やスギ・ヒノキ材の生産にも向かず、風衝地で強風の被害を受けやすい場所などで復元する。傾斜がなだらかで林間アメニティ利用に適し、それを目標とするのであれば、柴刈りや落ち葉掻きを励行して、林内空間を開放的にする。マツタケ生産を目標とする場合は、湿り気確保のために、ヒサカキなどの常緑広葉

図4-1 尾根部に残るアカマツ林（保全し、マツタケを発生させるには、中・低木類の除伐と落ち葉かきが必要）

樹種を含め低木類を適度に残して柴刈りし、2～3年おきには落ち葉掻きもする。また、所々にアカマツの菌根苗（根にマツタケの菌糸が共生している）を植え付ける。

(3) 自然林の復元

　スギ・ヒノキ林への拡大造林政策で、奥山のブナ・ヒメシャラ林など落葉広葉樹の自然林の多くが失われ、温暖な地域の常緑広葉樹の自然林も鎮守の森などを除き、人間の歴史的な里山・里地利用により失われている。尾根部の生物回廊に連接するものとして、管理の手が及びにくく、気候条件も厳しい奥山はもちろんのこと、里山・里地の所々にも、高林密生化した雑木林（二次林）を自然遷移にまかせて、自然林を復元し、自然林をより所とする生物の多様性を復元する。

(4) 巨樹・巨木林の復元

　スギやケヤキ、ハクノキ、クスなどの巨木を目にし、接すると、その荘重さに感動する。しかし、開発や道路拡幅などによって多くの巨樹が身近な所から姿を消してしまった。天然記念物の指定や保全樹の指定制度もあり、社寺境内や日光の杉並木などを訪ねれば、接することはできるが、寿命や強風被害による枯死や倒木を考慮すると、子供や未来の世代のためにも、巨樹や巨木林の保育・復元は里山だけでなく、ビオトープネットワークの一環として都市内の公園緑地でも行

図4-2　自然林の復元が進む高林密生化した二次林

図4-3 神社の神域を成す荘重な巨木林

図4-4 ケヤキの用材林（土壌水分条件の良い立地での造林）

われるべきだ。里山では林地を確保して、既存樹や植樹の保育管理をすればよいが、都市内では十分な深さ（1.5m以上）の土壌改良が不可欠だ。歩道の幅が狭く、土壌改良もせずに植えられて、強い剪定が繰り返されている街路樹は、いつまで経っても巨木になれないし、切断箇所から腐朽菌が侵入し、幹の中が空洞になっている木も少なくない。

(5) 用材林の持続的保育管理

　用材林は土壌水分条件に恵まれた、里山の中腹以下での営林が望ましい。浅根性のヒノキは比較的土壌が浅い斜面上部に、深根性のスギは下部に植樹されるの

図4-5 スギと落葉広葉樹の針広混交林

が理にかなっている。スギ・ヒノキ林は過大な面積を占め、その管理経営が問題となっているので、新たな植樹は有用広葉樹種が望まれる。また、管理放棄された多くの雑木林での常緑広葉樹林化を考慮すれば、ケヤキやヤマザクラなどの落葉広葉樹の植樹が望ましい。スギ・ヒノキ、広葉樹を問わず植樹後数年間は、旺盛に繁茂する高茎の草本植物や木イチゴ類、カラスザンショウ、アカメガシワなどの木本植物に被圧されないよう、下刈りが不可欠である。また、落葉広葉樹の幼木は直射日光による陽焼けで生長不良になりやすいので、既存のスギ・ヒノキ林を強間伐して植樹し、将来的に長伐期択伐施業による針広混交林に誘導するのが望ましい。そうすることにより、持続的な用材生産と生物多様性や四季の景観、水源涵養など森林の多面的な役割が両立する。

(6) 雑木林の保全・管理と利用

　密生するままに管理放棄された雑木林で、伐採萌芽更新を再開する意義は高い。かつての明るく開放的な、生物多様性に富んだ雑木林を復元でき、子供も大人も身近な自然との触れ合い体験の場として楽しめる。切り株からの萌芽による森林再生もはやく、それだけ CO_2 固定能力も高いことから、持続的なバイオマスエネルギーの供給源としても優れている。しかし、放置期間が長く樹齢が高い場合は、切り株からの萌芽が期待できないので、新たに苗木を植えたり、ドングリを巣播き（地面にお茶碗を伏せて、その周縁に4〜5個播く）して育てる。地

図4-6 スギ林の群状間伐地でのクヌギ苗の植樹（15m区画で中央にはヤマザクラを植樹。手前はノウサギの食害防止用のネット）

図4-7 椎茸の榾木用に伐採更新されるクヌギ林
（左手前は伐採直後、奥は次年度に伐採される。右は晩秋に伐採された伐株からの翌年春—夏の萌芽の生長）

域遺伝子の撹乱防止のため、ドングリはその雑木林や近辺の林から採集したもので、苗木もそのようなドングリを播いて育てたものを用いる。ドングリは乾燥すると発芽しないので、採集後は苗床、ポット、林地のいずれにしても早めに播く。苗木には支柱を立てて麻ヒモで結び、風で揺れないようにし、巣播きした場合は杭を打って、下刈りの際に誤って刈り取られないよう目印にする。

伐採は小区画に区割り（15年間隔なら15）して、順次に実施し、多様な再生段階の林地がモザイク状に組み合わさるようにする。また、落ち葉掻きをして埋土種子や、風や鳥により運ばれてくる種子の発芽を促進する。そうすることによ

図4-8 家具・建築材用の高木が散立する下で薪やパルプ用に10年周期で伐採更新されるクリの低林
（英国での伝統的営林手法で、景観・生物多様性の効果も評価される）

って、かつての雑木林で見られた多様な植物が再生してくるのを待つが、高茎の外来雑草やタケニグサ、クズ、アカメガシワ、カラスザンショウなどは、早めに刈り取る。期待する在来の草花類や自生ツツジ類などが生えてこない場合は、長年の暗い条件で死滅したものと考えられるので、近隣の林地で生き残っているのを見つけたら、その生存条件を改善してやるとともに、種子を採集して増殖を図る。

さらに、各区画に1～2本は、ヤマザクラやケヤキ、エノキなどの高木を育て、森林景観や生物多様性を高めることが望ましい。また、山道沿いなどを含め、アジサイなどの園芸花木類の植え付けは望ましくない。

2. 里地の保全と循環利用

里地の保全と循環利用は、食糧の安全保障と将来の農山村回帰への備え、また、里山の場合と同様に、原風景や自然との触れ合い体験、生物多様性保全の上でも重要だ。

（1）放牧によるヤブ化の防止

過疎高齢化により耕作放棄されて藪化する棚田を、牛の放牧により保全してい

図4-9 管理放棄コナラ林での光条件改善の効果
上：コナラの間伐と中・低木層の選択的刈り取りで、翌春に一斉に開花したコバノミツバツツジ　下：1枚葉から3年後に開花したササユリ

る事例は珍しくない。放牧された牛は農業機械が入らない棚田にも出入りでき、動力燃料も輸入飼料も必要としない。こうした粗放的な手法で肉牛を生産しつつ、棚田を保全できる。

(2) 有機農業による安全・安心の食料生産

棚田は清らかな谷水や湧水、池水で潤されているので、過去に散布された農薬の含有率が極めて低いと言える。したがって、そこで無農薬の有機農業で生産される米や野菜は、付加価値の高い安全・安心の食料である。落ち葉や刈り草などの有機堆肥源は近くの里山で得られるし、牛や鶏を自家生産の飼料で飼育すれば、牛糞堆肥や鶏糞も得られる。野菜屑や屎尿はタンクでガス化して炊事などの燃料にできる。高齢者から牛を使って鋤く「牛耕」を習っている活動グループもある。農業機械の燃料も近い将来に、林地残材などバイオマス由来のアルコールや廃食油から作られたBDFに替わると予測される。

(3) 新たなふるさとづくりと生物多様性保全

以上のような取り組みは、地元農家の連帯と情熱が必要だが、それを評価して

図4-10 美しい風景と多様な生物に触れあえる新たなふるさとの里山・里地づくり
(左上:美しい春のレンゲ畑。牛の濃厚飼料や鋤き込まれて緑肥となる。右上:有機農業で小川や水田によみがえったイモリやオタマジャクシ。左下:スギ林の伐採後、クヌギ、コナラ苗を植樹して雑木林を復元し、おがくず堆肥の中で育つカブトムシの幼虫に見入る子供達。右下:家族で柴刈りに参加し、里山での作業や実体験を通して、きずなや自然への好奇心が深まる)

生産された農作物を購入し、遊び心で支援する都市住民の参加が不可欠である。若者や定年退職者、家族連れが、種まき、植え付け、草取り、収穫など一連の農作業や草刈りなどに、たとえ半日でも、できれば1〜2泊参加し、農山村生活を体験すれば、新たなふるさとになるかもしれない。世代交代で都市住民の中にはふるさとをなくしている人も少なくないからだ。今後、都市消費者の認識の向上により需要が高まり、有機農業が一般化して、農薬や除草剤が使用されなくなると、水田や小川ではドジョウ、メダカ、カエルなどが、草土手ではキリギリス、スズムシなど鳴き、空にはトンボが群れ飛ぶし、路傍にも種々の草花が次々と咲くことになる。まさに里山に連続して多様な生物が生存し、触れ合うことのできる、花鳥風月の里地がよみがえるのだ。

【重松 敏則】

第5章 里山マップの作成による実態把握

1. 里山マップの必要性

　車窓から里山を見ると、どこまでも続く緑の山である。一般的に、それ以上のことに、あまり頭は回らないものだ。しかし里山は多様な自然環境を有しており、地質、土壌、植生、動物などが関連をもって分布している。また、里山は社会的に様々な線が引かれ財産として所有されている。親から子へ相続されたり、貸し借りがされていたり、共有林や私有林、国有林まで、地域には様々な里山がある。

　読者が里山とかかわる時、それが「どこにあるのか、どこを通れば到達できるか、隣地との境界線はどこか、どのような樹木が生えているのか」、まずは、このような地理的、社会的、植物社会学的な概況を客観的に知ることが大切である。本稿では、里山の情報を集め記載した地図のことを「里山マップ」、そして、その背景図となる地図、写真、情報を「ベースマップ」と言うことにする。

　なぜ、里山マップが必要なのだろうか。それには、大きく2つの目的があると筆者は考えている。1つ目は、客観的に里山の位置や分布、歴史や植生を知るためである。里山は概して起伏があり、ある広がりを持って存在する。その位置や様々な情報を知ることは里山とかかわる上で最初の一歩となる。また、里山の森は、これまで管理されてきたところ、放棄されたところ、尾根部、谷部、台風被害地など、モザイク状に分布してい

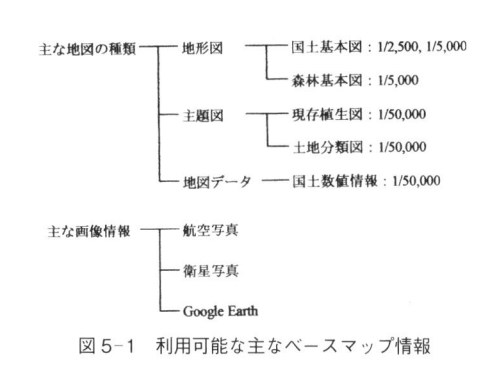

図5-1　利用可能な主なベースマップ情報

る。山を十把ひとからげに扱うのではなく、細かく観察すると様々なことが見えてくる。2つ目は、里山の将来像、すなわち、今後の保全・管理・活用の計画を立て、10年後、20年後、50年後の将来の里山像を示すためである。里山マスタープランといってもよいだろう。活動にかかわる様々な人々と方針を共有し、計画を立てて活動を推進することができる。里山マップを通じて、このようなことを一緒に考えること自体に意義があるのである。

2. ベースマップの種類

里山マップを作るにあたり、まずは、入手することのできる主なベースマップを図5-1に示す。

大きく分けると、「地図情報」と「画像情報」に分けることができる。「地図情報」は地形や境界線、属性などで、里山マップの下図にしたり、土地所有の境界線を探したり、すでに調べられたその土地の土壌や地質、植生を知ることができる。一方、「画像情報」は空から撮影した写真のような情報である。これはリアルに山に生えている樹木を上空の視点から見ることができ、里山を相観的に観察することが可能だ。木の大きさや分布、時には樹木の種類まで見分けることができ、とても便利なものである。撮影された年代や時期の情報を得ることができるため、昔と今の比較をすることもできる。昔の地形図を組み合わせれば、より里山の変化を把握することができるだろう。

ところで、里山の情報を得るベースマップは、元々の目的が別にあるため、概して里山の保全・管理・活用に使用できる情報が不足することがある。自ら必要とする情報は、里山を歩き、活動の中で情報を収集し図化していく必要がある。これは、里山の新たな価値を発見していく活動そのものであり、私たちと里山との暮らしを新たに繋ぐ創造的活動であると考えられる。

次に、ベースマップの利用方法について、「アナログな利用方法」と、「デジタルな利用方法」に大きく2つに分けて、説明することにする。

3. 地図情報のアナログな利用方法

「アナログな利用方法」とは紙にコピーされた地図やプリントされた写真を購入し利用する方法である。原図を繰り返しコピーしたり、トレーシングペーパー

などで重ねて新たなマップを作ったり、手作業で進めることができる。いくつか代表的な利用例を列記する。

(1) 地図を持って現地を歩く

最も基本的な利用法だが、意外に普段しないことである。地図や航空写真を大きめにプリントアウト・コピーを行い、B5かA4サイズに図面折りをする。現地で、パタパタと開きながらメモを書き込んでも良いし、記載するのは記号のみにして、野帳に詳細な情報を書き込めば、地図を汚さずにすむ（図5-2）。

現地で調査を行う場合は、まず、調査の目的を明確にした上で、現地の自治体、行政区の担当者を訪問し、調査に対する理解と協力をお願いする必要がある。地主の了解を得ずに山に立ち入る場合は、地元の人と一緒に歩くようにしよう。

(2) 過去の里山の利用状況を調べる

里地・里山を歩いてみると、集落の佇まいや道路や畔、農地の地割、そして山林の植物の分布は、これまでの人と自然の営みの中で成立してきたことが感じられる。以前、どのような利用がなされ、どのような景観が広がっていたのかを知ることは、今後の活動や将来像を考える拠り所となる。

里地・里山の過去を知る基本的な方法は地域の古老を対象に聞き取り調査を行うことだ。しかしながら、手ぶらで行っても会話は弾まないので、その前に、文献と古い図面・航空写真を調べ、聞き取り時に持参すると会話をスムーズに始め

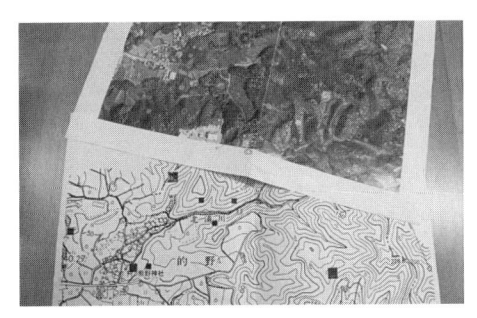

図5-2　白地図と航空写真

図5-3 想定された1600年当時の海岸線
（1600年頃の慶長年間筑前古図を参考に昭和33年の大日本帝国陸地測量部の2万分の1地形図に描画）

ることができるであろう。文献調査については、まず、地元の市町村が出版している町史が良いように思われる。農林業の推移や里山がどのように利用されてきたかの情報が含まれているかもしれない。また、具体的な地名がある場合は、『角川日本地名大辞典』を引くと、その集落の歴史の概要を知ることができる。

　古い図面については、（財）日本地図センター、もしくは国土交通省国土地理院から購入できる。当時の集落、農地、林地の区分、道路や地割、等高線などの情報を得ることで、その頃の、もしくは、その頃以前の景観を推定する情報を得ることができる（図5-3）。より詳細な土地利用を知りたい時は、地籍図に、さらに古い土地利用は、古地図に当たる必要がある。

　また、同様に過去の航空写真についても購入できる。最も古いもので、戦後すぐに全国で撮影された「米軍写真」が存在し、図面と合わせ農林地の分布について視覚的な情報を得ることができる。これらの情報から大まかに地域における空間的な里地・里山利用の概況を把握した上で、地元の聞き取りなどの調査を進め、昔の里地・里山像を具体化していく作業を進めることができる。まずは、国土地理院のホームページにアクセスし、「国土変遷アーカイブ 空中写真閲覧」サ

イト[1)]で購入したい地域の空中写真を閲覧し、注文をかけよう。

(3) 住民参加によるマップ利用

　里山の調査は、関係者だけで進める場合が多いが、里山管理のボランティア活動や環境教育の活動を行う場合は、住民参加型、情報発信型で取り組むことが増えつつある。これは、今後、持続的に里地・里山の保全を進める上で、地域での世論形成と共感、人々の協力が必要となるためである（図5-4）。

　参加型の手法は、これまで国内外、様々な分野で取り組まれ、文献も多数出版されている。これらの手法は、「市民力」を向上させる、すなわち、市民の参加のレベルを無参加状態から地域を自ら制御するレベルに向上させることを目的とされており、特に都市域におけるまちづくり活動の中で発達してきた。しかしながら、日本の農山村では区や組、五戸組みなどのまとまりがあり、歴史的に地域で継続されてきた年中行事を通じて地域の人々の参画と意思決定が行われる仕組みが存在している。地域の自然と暮らしを支えてきた社会構造の継続も過疎と高齢化で危機を迎えている中で、地域の伝統と参加型手法、地域住民とそれ以外の人々が意見を交換し、物事を決定し、共に汗を流す仕組みが必要とされている。

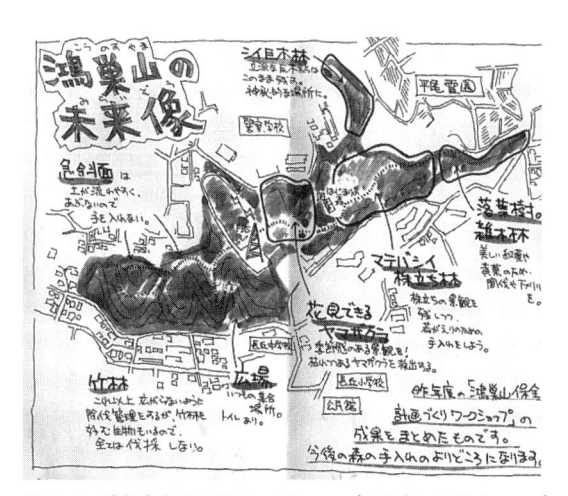

図5-4　鴻巣山森づくりワークショップで共有した里山マップ
　　　　［絵：志賀壮史］

なお、最近、里地・里山で行われている調査活動として「地元学[2]」「森の健康診断[3]」「聞き書き」の取り組みなどがある。地域の価値の発見、森のモニタリングなどだが、前者2つは特に、調査を通じた里山マップづくり活動であり、今後の農山村の在り方を都市の人と考える大切な知見を見出すことができる。

4. 地図情報のデジタルな利用方法

「デジタルな利用方法」とは、地図や写真のデジタルデータを購入し、コンピューターの中で作業を進め、必要があればプリンターで出力する方法である。「アナログな方法」とどちらの方法を用いるかは、利用者の環境に応じて選ぶのが良いと思われる。手作業であれコンピューターの作業であれ、目的や考え方に大きな相違はないため、マップを作ればよいことだ。しかしながら、近年の技術の進歩は様々な新たなツールを提供している。その代表的なものは簡易な地図ソフトとGPS（Global Positioning System：全地球測位システム）の組み合わせだ。GPSとは、地球上の現在位置を調べるための衛星測位システムである。GPS受信機が上空にある衛星からの信号を受信することで、自分がいる場所の位置情報を得ることができる。例えば、GPS受信機を持って写真を撮りながら歩き、これらの位置情報を写真に付与し、いつ、どこで撮影した写真かを記録できれば調査資料として有効である。さらに、国土地理院が発行している数値地図

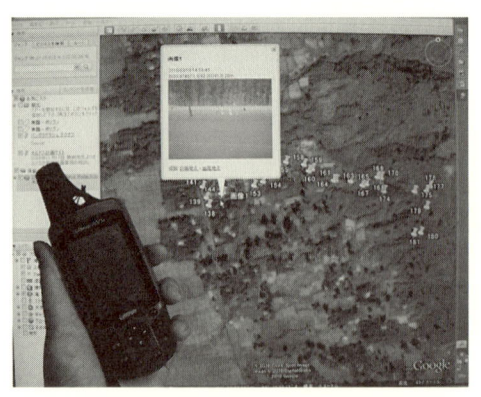

図5-5 GPSで取得したルートと写真をGoogle Earthで表示したモニター

やGoogle Map、Google Earthというネット上で配信されている地図や高解像度衛星画像に重ねて、位置情報と写真を表示することができる（図5-5）。いつ、どこを歩いたのか、撮影した写真と上空からのデジタル画像を参考に、歩いた人の経験に基づいて振り返りをすることが可能だ。土地境界を示す石や立木の記録、環境保全作業の活動エリアや成果の記録など、アイデア次第で、様々な利用方法が考えられるだろう。普段、人の目に触れることのない物や活動を人に伝えやすくなる。

さて、デジタル技術の利用に関する書籍はたくさん出ているので、ここでは事例の紹介は割愛する。竹島らの『林業GPS徹底活用術』は、ハンディなGPSを活用した多数の事例が紹介されているのでお薦めだ。

5. 里山マップ

アナログでもデジタルでも、必要となるのは現地調査と地図の作成、そして、里山の保全管理を行い、生き物と人々の活動の魅力を子供たちや地域の人々と分かち合うことである。広い面積の里山を扱う場合、全体を学術的に詳細な調査をすることは効率的ではない。まずは、航空写真と地図を見ながら現地を歩き、常緑広葉樹と落葉広葉樹の違いや優占樹種を記録し、図5-6のような相観植生図を作ると良い。また、保全したい樹種があれば、GPSを片手に1本1本記載していくことも可能だ。ここからは、里山マップを作るためのトピックを紹介していく。

(1) ベースマップを用いた植生区分

何の地図を作るか、どこの地図を作るかで用いるベースマップが異なる。一般的に民有地であれば土地境界線により農地や山林の所有者や施業方法が明快に分かれているため、地籍図や森林計画図（林班図）が参考になり、土地利用の違いが植生や樹木の生長の違いを分ける区分にすることができる。農林地を管理する生産者の視点からであれば、このような図が必要となる。一方、市民参加や景観保全、生態系の保全の観点からはどうであろうか。外から見る限り里山に線が引かれているわけではなく、谷と尾根で樹木の生長量や植物は違い、時には竹林が侵入するなど混交林化している場合も少なくない。どこに明快な線を引けば良い

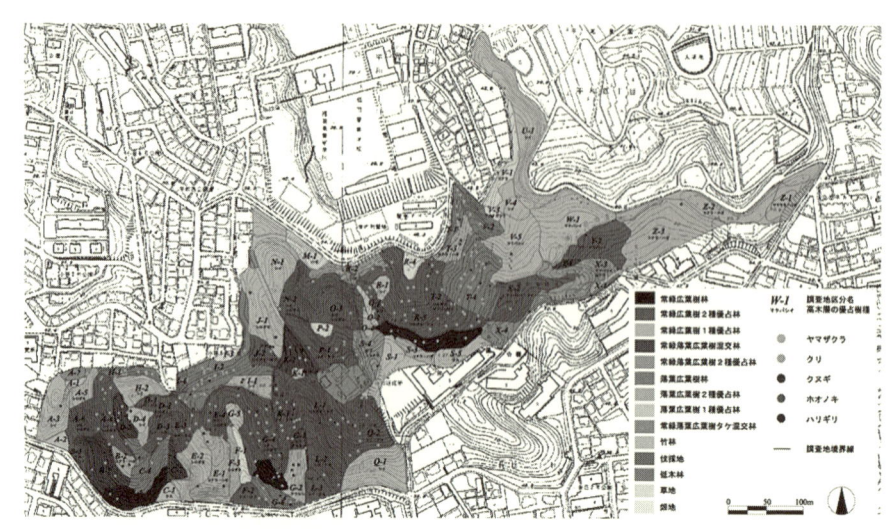

図5-6　航空写真と現地調査の情報から作成した相観植生図、消失しつつある落葉樹5種を図示

のか実際の里地・里山は複雑である。また、図5-6は福岡市鴻巣山特別緑地保全地区であるが、民有地の土地境界ほどの明快な地割はない。そこで、大まかな植生区分を行うために用いられるのがGoogle Earthの衛星画像や空中写真である。図5-7に、ある地域の空中写真を示す。

　ここで2点、これらの画像や写真を使用する上での注意点がある。1点目は、空中写真を用いる場合の写像の歪みである。カメラで撮影された写真なので、中心投影の歪みを持っている。すなわち、地形図と合わせた場合、特に写真の端に行くほど大きなズレを有している。専門技術者はこの歪みを補正して用いることが可能だが、一般の人にとっては無理な話である。とはいえ、ズレがあっても十分参考になり、白地図に線や情報を転写していくと良いであろう。その点、Google Earthの画像は正射投影に補正されており、白地図と重ねることができる。このように修正したものをオルソフォトと呼び、市町村によっては撮影している自治体もあり、頼めばプリントしてもらえるかもしれない。2点目は、これらの空中写真から境界図や林相図などの地図を作成し、公的な申請や第三者との利害関係などに使用することは「測量法」などで禁じられている。航空写真の個人利用の目的は、個人的な参考資料として役立てることに限定されるそうであ

る[4]。里山マップは測量というよりも、里山を観察し、「見える化」を図ることが大きな目的であるから、どんどん既存の資料を活用してほしい。ただし、個人情報保護への配慮は必要である。

さて、次に行うことは「判読」で、写真にある事物を言語化する作業である。もし、現地を訪れたことがあり土地に詳しいのであれば、写真上の道路や土地利用を眺めながら大よその土地利用や植生の判読が可能であろう。ここで特に見てもらいたい点は、樹木の樹冠の幅、形、色、肌理である。まずは、写真の縮尺を撮影高度や白地図から計算しておく必要がある。その上で写真に定規を当てて樹木の樹冠や農地、林地の大きさを測ってみよう。

図5-7は福岡県新宮町のある農山村の写真である。一番上部の広葉樹林は、様々な大きさの樹冠が混じっている。これは5月に撮影した写真なので、スダジイの花が咲いているため、白っぽく見える。一方、スギやヒノキなどの針葉樹人工林は同じ大

図5-7 空中写真（オルソフォト）

きさの樹冠が、比較的規則的に並んでおり、暗い色で一様な肌理を持っているので分かりやすい。同じ針葉樹人工林であっても、樹冠サイズの大きい林分、小さい林分があり、樹齢や管理の程度などがうかがえる。その他、ミカンの木が並ぶ果樹園や、広がりに勢いのある竹林、水田、草地、公園、ため池なども判読できる。このように、ざっくりと相観的に植生環境を判読し、地図にすることができる。

さて、できた地図をもって、とにかく現地を歩こう。そこには様々な気づきがあり、準備した地図は、よりリアルな空間として立ち現れ、生態的、社会的関係

第5章 里山マップの作成による実態把握

調査日:			調査者:		
調査地:			標高:		
調査地点名:					
概況:					

方形枠（○m×○m）：

階層	高木層	亜高木層	低木層（1）	低木層（2）	草本層
群落の高さ（m）					
植被率（％）					

測定結果：高木層〜低木層（　）(2m以上)　　高木層は△、亜高木層は○、その他は×

種　名	胸　高　直　径	個体数

組　成　表

種類	高木層			亜高木層			低木層（1）			合計	
	D	BA[cm²]	RD[%]	D	BA[cm²]	RD[%]	D	BA[cm²]	RD[%]	D	BA[cm²]
合計		100			100			100			

図5-8　森林の階層と方形区内の毎木調査表、および組成表

性をひもとくことができる。

(2) 自然環境の記録

　ベースマップと大まかな植生図ができた段階で、目的とする保全する種や群落、自然環境の記録を検討しよう。どんな動植物でも構わないが、大切なのは、ある特定のものに絞るということである。あれもこれも書いてしまうと里山マップのテーマが不明朗になり、調査後の環境管理や環境教育活動での利用に支障が生じる。先に示した図5-6では、常緑広葉樹林内で消失しつつある落葉広葉樹5種の種名と位置を示している。これは一本一本毎木調査をしており、現地での調査活動は時間と労力を必要する。しかし、このようなデータは、10年、20年後

に落葉広葉樹種の残存状況を明快に示すことができる。地域住民と計画的な環境保全を進めるためには、このような客観的なデータが必要不可欠である。

　さて、ここでお薦めの里山調査を1つ紹介したい。それは、ある面積内にある樹木全ての胸高直径（根元から1.3 m高さの幹直径）を測る毎木調査である。図5-8に調査表と組成表のサンプルを示す[5]。まず最初に高木層から草本層まで階層を分け植被率を出す。そして、樹高が2 m以上の階層については、出現する樹種の種名と胸高直径、個体数を求めるのである。得られたデータは、組成表にまとめ、それぞれの種の本数（D）、胸高断面積の合計（BA）、そして、各階層のBAの合計を100として相対優占度（RD）を求めるのである。

　空中写真で区分した林内で、この調査を行うと様々なことが分かる。優占種の名前で○○林と名付けることができるし、樹種構成や、それぞれの生長程度も分かる。GPSと組み合わせれば、今後の里山管理を進める上で貴重なデータとなるであろう。

【朝廣　和夫】

第6章 里山・里地の保全・活用計画手法とその潜在力評価

　この章では自然循環型社会の指標として、身近な里山・里地の活用により、地域内の人口が消費する食料・家庭用エネルギーをどの程度自給可能かについて試算し、その地域の資源量と適正な人口規模との関係について考えてみたい。

　再生が可能で、理論的には CO_2 を排出しない生物資源（バイオマス資源）は、その有効活用が期待される。しかし、この生物資源は、林業、農業、生活残渣などの形で、地域内に低密度で分散し、輸送コストもかかるので地域単位で利用する必要がある。このような地域資源の潜在力評価と、具体的な人口許容量の算定を行うために、本章ではまず①地域における里山・里地の変容を把握し、②その変容を反映する里山・里地の環境分類手法の提案を行った。最終的にはこの環境分類結果に基づき③潜在的な里山・里地の資源生産力の評価を行う。

1. 里山・里地の変容とその環境の特性

　図6-1は、過去の航空写真から復元した約25年間隔での福岡県新宮町の土地利用を示す。新宮町は福岡市に隣接する都市域と近郊農村を含む総面積が1,888haの地方自治体であり、玄海灘に浮かぶ相島を含む。国定公園である新宮海岸の松林、立花山のクスノキ原生林などの希少な自然に加えて、かつての里山や水田など二次的な自然環境を有している。

　この図6-1において、1947年には農地と森林が町域の大部分を占めており、各集落の住宅地も小規模に分散していた。しかし、その後、この住宅地などの人工環境は、町西部の鉄道や国道の沿線で大規模に拡張し、特に白色で示す農地が小規模・分断化されたことが分かる。この図から、各土地利用面積を集計すると農地は、772haから334haまで急激に減少し、その農地が開発され、住宅地と商工業地の面積が、1947年の約20倍に増加していた。

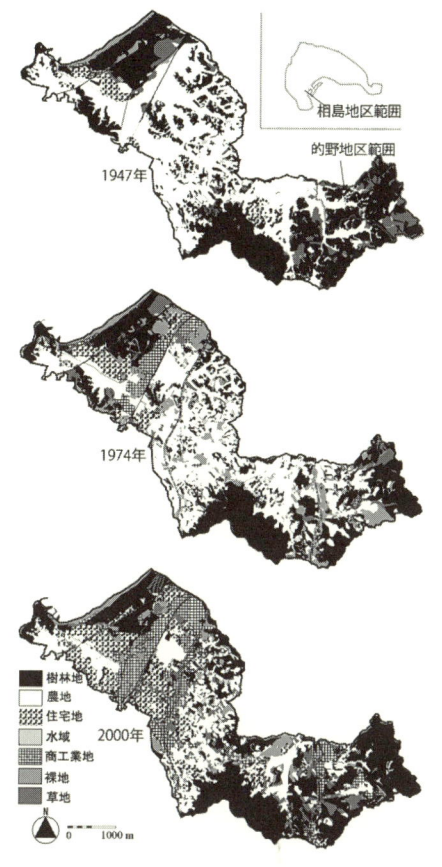

図6-1　福岡県新宮町の土地利用の変化（1,888ha）
（2000年度の人口約2万3千人）

　一方で森林は1947年から1974年まで減少したが、その後、1974年から2000年の間で逆に増加していた。このように土地利用の量的な推移だけをみれば、都市化によって農地（里地）が減少しただけのように思われる。しかし、一度、面積が減少し、その後に面積が回復した森林（里山）では、環境の質が大きく変容していた。それは、かつての里山に多く存在した茅場などの半自然草地のスギ・ヒノキ人工林化や、里山造成による新規農地（この地域ではほぼミカン園）の放棄林化（竹林化）によるものである。

このように、量的には豊富な現在の樹林地の一部は、時系列的に見て初めて、里山が農地に造成され、その後、放棄された遊休地であることが分かる。

後述するIan L. McHargは、本来、生物は最適な住環境を探し、その最適な環境自体を単純な環境から複雑な環境に改善していくと指摘する。このように獲得された多様な環境は、健全性と景観的な美しさを両立するといえる。

この環境の進化（多様化）と本節で紹介する新宮町、また日本全国で見られた画一的な都市化および農林業の集約化は相反するものであり、逆にMcHargの環境の退化の定義と一致する。これは、都市、農村、森林の各計画対象領域で、バラバラに最適な環境が拡大整備されたことに起因する。

この単一な土地利用の拡大は、かつての住民による地域環境の特性を活かした多様な里山・里地管理から、縦割りの行政指導や、専門家による集約管理への移行とも捉えられる。しかし、この単一化された土地利用は、その生産物や環境が価値を失うことで、同時多発的に放棄され大量の遊休地を生んでしまっている。新宮町の場合は経済性を失ったスギ・ヒノキ人工林やミカン園が放棄される傾向が強い。

引き続き、土地所有者と居住者が直接的に対応し、具体的な里山・里地の保全計画単位として適当な、かつての村単位（現在の大字単位）での土地利用変化を見てみよう。

図6-2は、同町の玄界灘に浮かぶ相島地区（125ha）の約100年間の土地利用変化を復元したものである。注目してほしいのは、明治期の地籍図にもみられる海岸沿いの防風林（魚附き保安林）と、農地、集落との数百年も続いた関係が、わずか数十年間で、土地開発ではなく、地域資源利用の放棄により失われたことである。特に、島の外周に位置する防風林に囲まれた内陸部の農地が、草地あるいは、樹林化していることが分かる。これは食料や電力が島外から供給されるようになって地域の里山・里地の管理が放棄されたためである。この里山・里地の変化は、地域内での食糧自給率の低下といえる一方で、バイオマス資源量の増加とも考えることができる。

また、見方を変えれば、地域資源の放棄によるこのような地域景観の変容は海外からの輸送に膨大なエネルギーを浪費する輸入資源に依存し、身近な自国の里山・里地の放棄が進む日本の縮図ともいえよう。

図6-2 福岡県新宮町相島地区（125ha，人口約480人）の土地利用の変化

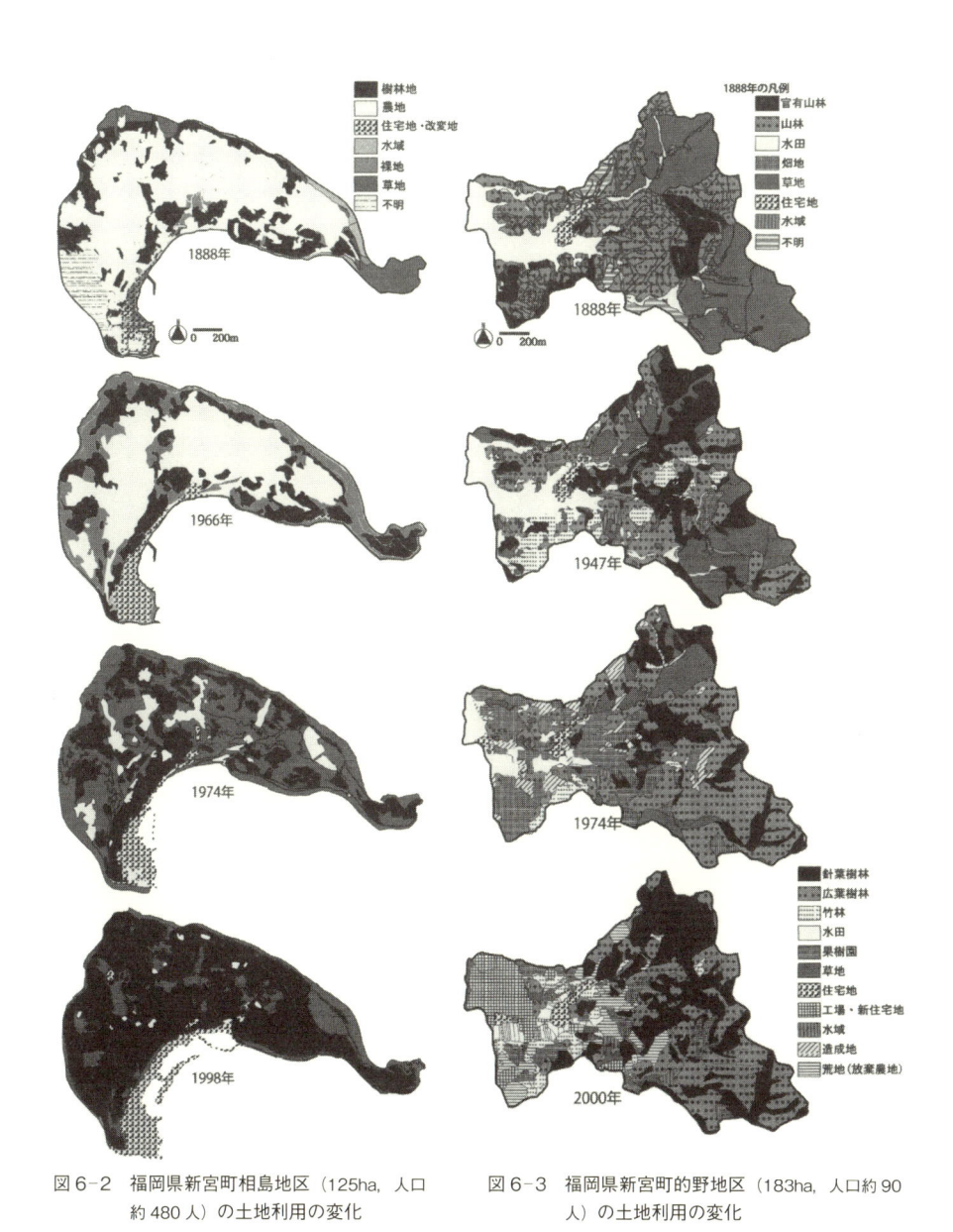

図6-3 福岡県新宮町的野地区（183ha，人口約90人）の土地利用の変化

図6-3は、新宮町の最東部の山麓に位置し、典型的な里山・里地を有する的

野地区（183ha）の約100年間の土地利用変遷図である。明治期の土地利用形態は、植林や育林に適さない奥山に茅場などの半自然草地が、水分条件のよい山麓に植林地や雑木林が配置される合理的な土地利用であった。しかし、その後の数十年で、本来、植林には適さない奥山への植林や、元々、樹林地であった斜面地の雛壇造成による新規農地が、その後の耕作放棄により樹林化が進み、量的には豊富な里山・里地の環境が、質的に大きく変容している。

　以上のように、里山・里地は、生活や産業の変化に伴い、特にこの数十年の間に、その環境が大きく変容したことがわかる。また現在の樹林地の一部が放棄農地であるなど土地利用区分（地目）としてあいまいな環境を含んでいる。このような里山・里地の保全計画や、潜在力評価を行うには、現在の農林地区分ごとではなく総合的な地域単位で取り扱う必要があり、かつ、環境の質的量的な変容を踏まえる必要があると考えられる。

2. 里山・里地の変容やその環境特性を反映した環境区分手法

　前節で、里山・里地の変容や、その土地利用区分の曖昧性を指摘した。この観点から、複合的な環境評価や、その環境区分の手法が必要といえる。早くから、このような総合化の重要性を指摘したランドスケープ・アーキテクト（造園家）に Ian McHarg が挙げられる。McHarg は 1969 年に "DESIGN with NATURE" の中で、植生などの生物的な環境区分、地形、地質、土壌などの物理的な環境区分ごとのある土地利用計画に対する適応性評価を色の濃淡でランク分けし、1枚

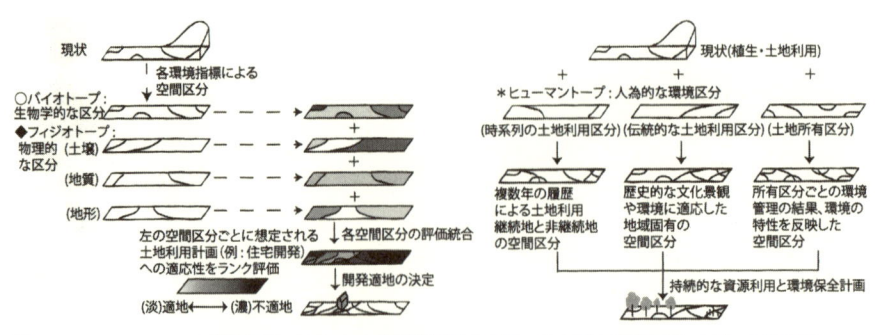

図6-4　Ian McHarg の環境区分（左）と人為的環境区分を用いた本論の環境区分（右）の概念図
＊景観のグランドデザイン中越信和編著　エコトープ図の作成手順をもとに新規作成

の画像に重ね合わせるオーバーレイ手法を提案した（図6-4（左））。これは複合的に把握すべき里山・里地の環境評価にも有用な視点といえる。しかし、多数の環境指標ごとの環境区分や、その区分ごとの複数の開発計画に対する適応性の評価が必要となり、多くの労力を要する欠点がある。

　一方、我が国では亀山章や武内和彦らにより、潜在自然植生区分と地形区分という少ない指標での自然立地的な土地利用計画手法が提案された。この手法では、土壌や水分条件などの物理的な要素を統合する生物学的な指標としての潜在自然植生区分（人為的な干渉をなくした場合にその土地に最終的に形成される極相林の種類）を用いることで、McHargの手法よりも少ない指標で環境を分類・評価できる。しかし、潜在自然植生区分推定のための植生調査が必要であり、都市や居住環境などの人工的な環境の評価が難しい。

　これに関連してF. SteinerはMcHargの手法を含む複数の環境分類手法の比較から、データの単純化の必要性と、多量の指標インデックスの分析作業の費用対効果が低いことを指摘している。この指摘は1983年のものであるが、現在のリモートセンシングや、GIS技術に対する有効な問いかけといえる。

　以上の点を踏まえ、本節では、生物的な環境区分や物理的な環境区分とは別の人や地域社会による人為的な環境区分（ここではヒューマントープ・インデックスと定義する）を用いた新たな環境評価手法を提案する。この手法は、図6-4（右）のように現状の植生・土地利用区分と人為的な環境区分を重ね合わせる極めて単純な環境評価区分手法である。

　McHargおよび自然立地的土地利用計画の手法は、どちらかと言えば、新たな開発を前提とする開発適地の選定手法といえるが、本手法は、現在の土地利用を持続的に継続する、あるいはより積極的に土地を保全・活用するための手法と呼べる。

　この人為的な環境指標を用いた環境評価の例を先に紹介した面積や、環境の質が異なる自治体および村落スケール別に紹介する。

　最初に新宮町全域のような大規模な自治体単位では、過去における一定間隔の土地利用区分の重ね合わせによる環境分類が有効である（図6-5）。これは現在の植生・土地利用区分に、複数の時期における土地利用区分を重ねることで、人為的に土地利用が継続された場所と、ある時期に変更された場所を抽出する手法

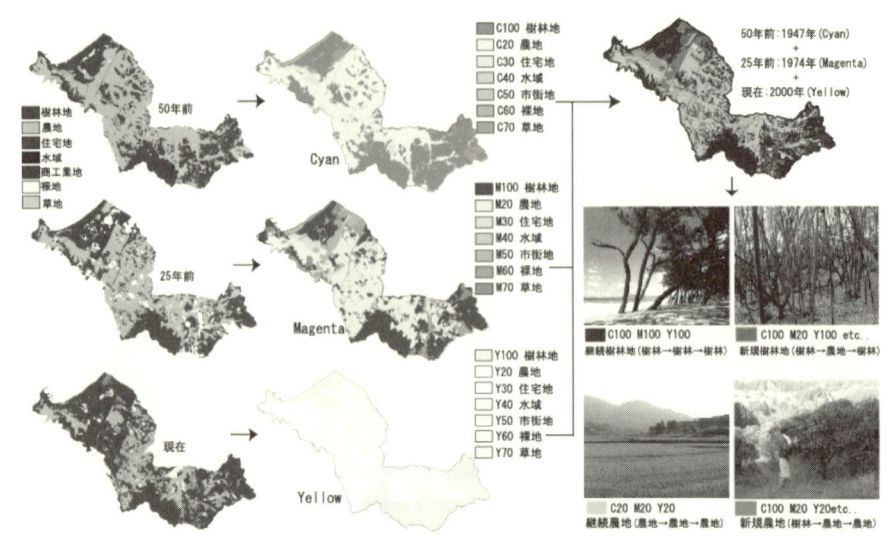

図6-5 複数時期の土地利用区分の重ね合わせによる環境区分手法
＊土地利用の継続性に基づく環境区分が可能

である（図6-5）。

　この人為的な環境区分のレイヤー（指標）は、時期の異なる航空写真から植生・土地利用を判読して作成できる。それらの重ね合わせにより、航空写真単独では抽出できない時系列的な土地利用の安定性（土地利用継続地）や、変化が大きく遊休地になりやすい不安定な環境（不継続地）が特定できる。

　このような時系列的な土地利用の比較を行うことで、かつての里山林の表土や現地形が破壊され、果樹園が拡大整備されたものの、その作物の市場価値が失われることで、大量の放棄農地が発生し、結果として、造成前の森林よりも価値が低い、竹林や低木林が拡大したことがはじめて理解できる（図6-5）。

　これは、近年の市町村合併で、行政範囲が何倍にも拡大し、広大な農林地の環境保全が課題となる多くの自治体にも有効と考える。

　次に、相島や的野地区のように、より小さい行政単位で里山・里地とその所有者が一体となる、かつての村落（大字）での具体的な環境区分手法を紹介する。この単位では、居住者と村落環境の所有者が対応するので、具体的な里山・里地の保全計画単位として適当である。この村落単位では①伝統的な土地利用区分

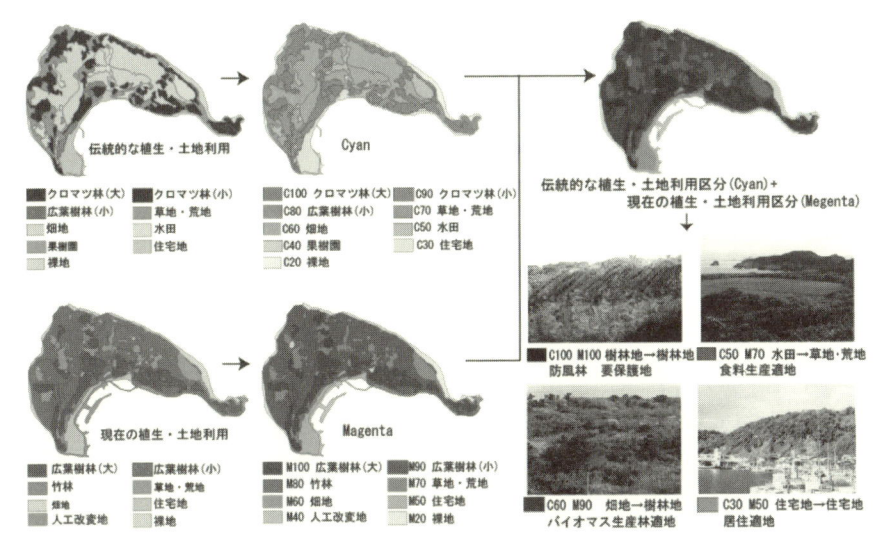

図6-6 伝統的な土地利用区分を用いた環境区分手法　＊歴史的な経験に基づいた地域景観の保全と持続的な資源利用の両立に向けた環境区分が可能

と、②土地所有区分の活用が有効である。

　まず相島のような離島や、山間部など地理的な要因で終戦後のスギ・ヒノキ林への拡大造林や、農地整備などの大規模な土地利用の画一化を免れた場所では、伝統的な土地利用区分の人為的な環境区分としての活用が、持続的な資源利用と地域固有の文化的景観の再生の両立に有効である（図6-6）。

　McHargの手法や自然立地土地利用計画で使用される物理的な環境情報（標高および地形データ）を直接的には用いず、この伝統的な土地利用区分（人為的な環境区分）と現在の植生・土地利用図の重ね合わせにより、地形や気候に配慮した環境区分が抽出できる。

　例えば図6-6が示すC100、M100の色域の場所は伝統的な防風林と現在の樹林地が一致する場所を示し、その多くは、急傾斜地で、潮風の影響が強い環境である。

　逆に畑地から樹林地に変化した環境（C60、M90）は、伝統的な防風林に囲まれた環境で、潮風の影響も少ないので、バイオマス燃料の生産林としての利用が

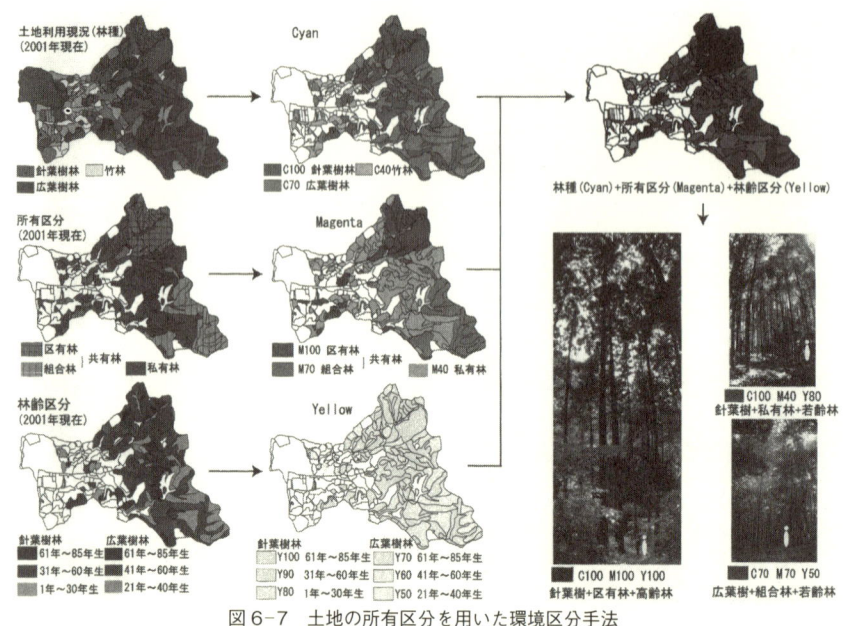

図6-7　土地の所有区分を用いた環境区分手法
＊環境管理の蓄積や、その結果を反映した環境分類が可能

期待できる（図6-6）。

　次いで的野地区のように終戦後の農林業の単一化により、伝統的な土地利用が大規模に改変された地域では、人為的な環境区分として土地所有区分を用いた環境分類が可能である（図6-7）。現状の植生・土地利用に、所有区分を重ねることにより、航空写真では判読不可能なこれまでの里山・里地の管理結果や、過去の土地利用履歴を反映した環境評価区分が可能となる。実際に各区分間では、樹林高や、樹冠直径の間に有意な差が確認され、組合林の一部（C70、M70、Y50）のアカマツ植林地が、松枯れにより広葉樹の若齢林と対応するなど環境の質をよく反映していた。

　これらの人為的な環境区分レイヤーを用いた地域評価手法（図6-5、6-6、6-7）は、想定される新規の土地利用計画に対する適正評価を複数の環境評価指標区分ごとにランク評価する必要や、潜在自然植生区分の推定が不要なので、McHargらの従来の地域計画手法より容易である。

また地質、地形などの物理的な環境区分（フィジオトープ）や、潜在自然植生などの生物的な環境区分（バイオトープ）の環境単位に対して、土地利用区分を基盤とする人為的な環境区分とその保全・活用計画単位は、実際の行政界や、土地所有区画との整合性が高いので、所有者との調整が簡略化できる。

　一方、本節の手法も人為的な環境区分（ヒューマントープ）指標の決定に際して約100年間の植生・土地利用変遷図を例示したので、複雑な手続きが必要な印象を与える。しかし実際には、時系列的に航空写真を見れば、適切な指標区分の決定は可能であり、また、その人為的な環境区分は特別なランク評価を伴わずに作成・利用できる。この環境区分は主に航空写真から作成でき、写真単体の解析結果より多くの環境情報を提供できる。これは「欧州の持続可能な空間発展のための原則」で提唱される土地利用区分の量よりも、その環境の質や住民との関係性（認知領域、利用しやすさ）を重視する景観特性評価（Landscape Character Assessment）手法の理念とも合致している。

3. 里山・里地の潜在力の評価

　前節までに、里山・里地の変容と土地利用相互の関連性を指摘し、それらを反映する新たな環境区分手法を提案した。里山・里地の自然は適度な人の利用により景観や生物の多様性が保全されるので、各環境区分の特性に応じたきめ細かな管理方針の設定が必要となる。

　本節では、土地利用の変容や、これまでの環境管理の結果を反映した先（1、2節）の環境区分を単位とする地域資源の保全活用による潜在的な資源生産力の評価を行った。本節における地域バイオマス資源の評価は、海外から輸入した木材や、食料廃棄物などの廃棄バイオマス量の評価ではなく、地域の里山・里地の保全と活用により供給可能な資源供給量を算定する点が特徴である。詳細はランドスケープ研究に採録された筆者らの論文を参照されたい。

　これらはその後の研究で、地域のバイオマス資源評価を個々の資源量とその相互間の関係性を考慮して評価した事例、あるいは、環境保全機能の改善のための管理シナリオによる木質バイオマス資源供給量の算定を行った先行事例として紹介されている。

　最初に新宮町全域について土地利用変化を分析した3時期における各土地利用

表6-1 新宮町での潜在的な食糧・バイオマスエネルギー自給率の試算結果

	1947年	1974年	2000年
潜在的な食料自給率	301%	182	61
潜在的な家庭用電力自給率	949%	163	41
潜在的な家庭用燃料自給率	397%	155	64

面積と人口との関係から、地域内の農林地の有効活用による食料および家庭用消費エネルギーの自給率を試算した（表6-1）。

ここでの自給率とは、各時期における人口の消費量の何％を地区内で賄うことが潜在的に可能かを示す値である。

食料自給率は、各時期の農地面積で主要食料（穀物と野菜類）を生産し、域内消費した場合を、また家庭用エネルギー自給率は、地区内の樹林地における年間純生産量分のバイオマス資源をペレット化し、分散型のコジェネレーション施設から、一般家庭用の電力・熱エネルギーとして同時供給を行った場合を想定した。

1947年当時は、人口に対する農林地面積が広く（農地面積1015m^2/1人、林地面積944m^2/1人）、また家庭用エネルギー消費量も、入手できた最も古い1965年の値で5090Mcal/年/世帯と少なかったために十分に地域資源の生産力に見合う生活水準と人口規模であった（表6-1）。

1974年頃には経済成長に伴う都市化の進行により、農林地面積が減少し、人口やエネルギー消費量が増加したが、潜在的な食料・エネルギー供給量と人口との関係は、まだ域内での自給が可能な規模に収まっていた（表6-1）。しかし、農林業従事者が減少し、またプロパンガスや電力供給が一般化するなど、実質的には、生活スタイルや、地域の物質循環が大きく変容した時期といえる。

2000年には都市化による急激な人口増加と農地の減少がさらに進行し、（農地面積149m^2/1人、林地面積299m^2/1人）、また家庭用の消費エネルギーも11080Mcal/年/世帯と、35年前の約2倍に増加したので、潜在的な食料・家庭用エネルギーの自給率量がマイナスに転じた。また農林業従事者も、316人（人口の1.4％）まで減少し、現状では農林地の保全・活用が困難であることがうかがえる。しかし、潜在的には身近な地域内の農林地の再活用により、町内の全人口の40％〜60％が必要とする食料と家庭用エネルギーの自給が可能と算定された

(表6-1)。

また、実際の土地利用計画に際しては前節の環境分類結果（図6-5）を利用して、同じ土地利用でも、環境としての質が低く、遊休地となりやすい新規農地、新規樹林地での積極的なバイオマス生産が有効と考えられる。

次いで、相島、的野地区の村落スケールで、先の環境分類の結果を踏まえたより具体的な保全・活用計画による潜在的な人口許容量を検討する。

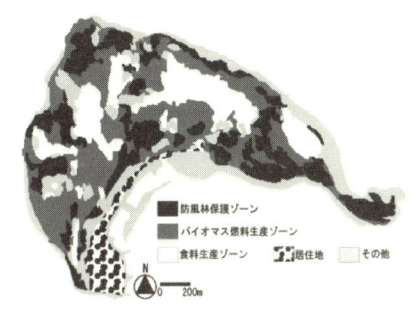

図6-8 伝統的な環境区分を応用した里山・里地の保全計画案（相島）

まず相島地区では前節の伝統的な土地利用区分（人為的な環境区分）と現在の土地利用区分の重ね合わせによる環境区分の結果を踏まえて、島内で生産可能な食糧とペレットでの家庭用熱エネルギーの供給可能量の算出を試みた。

図6-8は、先の図6-6による環境区分の結果を踏まえた具体的な地域資源の保全・活用計画である。まず、伝統的な防風林で現在も樹林地として残る場所は、過去の防風林や魚附き保安林として役割を活かして保護ゾーンとした。実際にこの場所は、いずれも潮風、季節風の影響が強く、また島端に位置する急傾斜地であるために、他の土地利用は不適と判断された。

次にバイオマス燃料生産ゾーンには、もともと、農地で樹林化した場所を計画配分した。このエリアは、かつての農地なので、平らな地形であり、季節風や、潮風の影響も少ない環境である。

また、食料生産ゾーンには、かつての農地で、現在でも草地や、疎生林で道路に近い場所を計画した。

なお居住ゾーンには、夏の季節風を通し、冬の北風を防ぐ内海に面した南向きの現在の居住地が最適と判断した。この場所に居住地を収めるとすれば、過去の記録から最大居数は約250戸となり、現在の一般的な世帯構成人数では約625人程度となる（実際の人口は2000年時点で480人）。

以上の保全計画案に従い、1人当たりの食料および家庭用熱エネルギー用の燃料生産に必要な面積で先に配分した各土地利用を均等に利用した場合、食糧とバ

図6-9 土地所有区分を応用した里山・里地の保全計画案（的野）

イオマス燃料の供給可能量の最大値は、約823人分（329世帯分）になり、居住者分だけでなく、島外からの観光客や、移入者の分まで賄える潜在力がある結果となった。

最後に終戦後のスギ・ヒノキ拡大造林や、ミカン園の拡大整備が実施され、先の相島のような伝統的な植生・土地利用区分の活用が困難な的野地区を対象に、その潜在的な資源生産力の評価を行う。ここでは先の図6-7のように里山・里地の所有区分（人為的な環境区分）と現在の植生・土地利用区分の統合による環境区分を単位とした保全管理による食糧とバイオマスエネルギーの供給可能量を算出した。

まず里山林の潜在的バイオマス生産力評価では、所有区分（私有、共有：区有、組合の3区分）、さらに森林の齢級区分（終戦後からの時系列的な航空写真の判読から推定）の2種類の環境区分と現在の土地利用区分の重ね合わせによる環境分類を行った。

この森林区分ごとの、幹直径や樹林高の平均値（バイオマス現存量）は、過去の履歴や、管理結果をうまく反映しており、その環境特性に応じた保全計画が検討できる。

農地も同様に所有区分（地区内居住者の所有地および地区外居住者の所有地）による環境区分を行った。その結果、いずれも既に面積の約50％相当が耕作放棄地であったものの、地区外居住者の所有地の方が、放棄されてからの経過年数が長く、樹林化が進んでいることが確認できた。

以上のような図6-7の環境区分を踏まえて具体的な土地利用計画を示したものが図6-9である。

土地利用計画は、その環境区分の特性に従い、①少なくとも1947年から樹林地として残る針葉樹林 i （高齢林）と広葉樹林 i （高齢林）を保護ゾーンとした。②木材の収穫適齢期に入り、下層植生の回復による土壌保全が必要な針葉樹

林ⅱ（壮齢林）および、かつての雑木林にみられた植物種の多様性の回復が最も期待できるアカマツ共有林の松枯れ跡地に成立した広葉樹林ⅲ（若齢林）を木材・バイオマス燃料生産ゾーンに、また、③現時点で農地である場所を食料生産ゾーンとした。

　潜在的なバイオマス生産力は管理の対象林分で毎年生産が見込まれる年間純生産量（地上部）を収穫予定量として、先の新宮町と同様にコジェネレーション施設からの家庭用の電力・熱エネルギーの同時供給を想定した。また、食料生産力については、水田では穀物、畑では野菜を生産した場合の食料供給力を福岡県での作物収量を基に算出した。

　試算の結果、実現性や優先度の高い図6-9の保全計画対象地から潜在的には毎年190人分の家庭用電力、約300人分の家庭用熱エネルギーに加え、新宮町で年間消費する製材消費量の5％の供給が見込まれ、農地からは約150人分の穀物（米）、野菜類の供給が見込まれる結果となった（的野地区は約91人〈31世帯〉）。

　これは都市近郊農村における水源涵養機能や生物多様性の保全を図るための必要性の高い里山・里地管理でも、その村落だけでなく、隣接する都市域への余剰エネルギーや、食料供給が潜在的に期待できることを示すものである。

【上原　三知】

4. 里山・里地の潜在力評価　その2

　本節では、中山間地域における広大な里山を有効活用するためのもう1つの研究事例を紹介する。ここでは福岡県八女市黒木町笠原地区を事例とし、植生の概況を把握するため、管理度合いに大きく影響される樹冠サイズによる環境区分を行った。

　具体的には航空写真の判読によりスギ・ヒノキ林、広葉樹林ごとに、概ね樹冠サイズが一様な範囲で区分し、対象地における樹冠幅のヒストグラムを作成した。これにより大径木林、中径木林、小径木林に径級区分が可能である。

　さらに、その樹冠幅のデータから樹高および胸高直径の推定を試み、図化する方法を提案する。その樹冠幅による区分の分布図を用いることで、小径木林が比較的谷などに多く分布し、大径木林が山の尾根部の近くに分布しているなどバイ

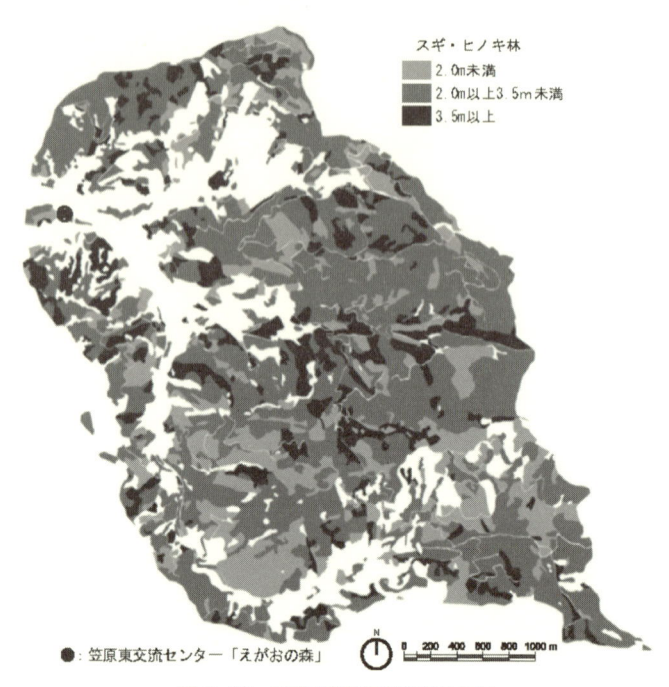

図6-10 樹冠直径階層別の森林分布

オマス現存量の立地特性の把握が可能である（図6-10）。

　以上の結果と現地調査による、対象地のバイオマス資源の賦存量の算定結果を紹介する。算定は立木幹材積表の材積式を用い、エネルギー量への換算は、木の含水率をw = 50%、単位体積重量をγ = 0.314t/m^{3}として重量を算定し、1 t当たりの木の熱量を2,863Mcalとして算定した。

　その結果、対象地である笠原川上流域の約912haで針葉樹林と広葉樹林を合わせると材積量が381,012m^3、エネルギー換算量にすると1,458TJのバイオマスの現存量に相当することが分かった。また、スギ・ヒノキ林の材積量約37万m^{3}に比べて、広葉樹林では約1万m^{3}となり、スギ・ヒノキ林の約1/38と大きな開きがある。今回、対象となった広葉樹林では萌芽木が少ない。将来的にかつての薪炭林施業のような更新が行われ、萌芽林が増えれば、広葉樹林においても、バイオマス現存量の増加が見込まれる。

以上の結果を利用すれば、現存バイオマス量の評価や、単位面積当たりの本数、胸高幹直径、樹高等の推定値を用いた建材の産出量や、余材からのエネルギー供給量の算定が可能となる。

　また、樹冠区分による材積量の推定から、現時点では市場性の期待できない中径木であるスギ・ヒノキ林（樹冠直径2～3.5 m）の択伐を優先的に行い、伐採跡地に広葉樹の植樹を行うなどの計画が可能である。

　さらに大径木林の択伐跡地には、比較的乾燥している尾根部に広葉樹を植樹し、湿潤な土壌の谷部には新たにスギ・ヒノキと広葉樹を植樹し、針・広混交林にすることで、木材・バイオマスの総量を維持しながら、安定した収穫が可能となり、また森林の多面的機能を発揮させる上で望ましいと考えられる。

　一方で、中山間地域において、これらのバイオマス資源を収穫するための管理面積のシミュレーションからは、ボランティアと業者による間伐・搬出管理の組み合わせを行っても、十分な対応が難しく、豊富なバイオマス資源の有効利用には中山間地域における林業後継者が不可欠と考えられる。　　　　　【松延　康貴】

第7章 竹林拡大の実態と制御・活用

1. 竹林を取り巻く環境の変化

　古くから、タケは農業・漁業用資材や生活資材、建材および土木資材などとして、さらに日本庭園の植栽や、筍の収穫を目的に栽培されてきた。また、その水防・砂防機能から河川沿いに植栽され、人々を災害から守ってきた。よって、竹林は人間とのかかわりの中で維持管理されてきたといえ、「竹取物語」や「舌切り雀」のような童話に描かれるように古来より里山・里地の風景を構成する重要な要素の1つであり、人々に親しまれてきた。

　しかし近年、プラスチックやスチール製品の普及、外国からの安価な水煮筍の輸入により、竹の利用価値が低下したため、多くの竹林は管理されることなく、放置されるようになった。その結果、タケの地下茎による旺盛な繁殖のため各地で竹林が拡大し、農林地の竹林化、景観の貧化、生物多様性への影響などが大きな問題となっている。

　今日では、日本の里山・里地の抱える問題の最たるものとして、放置竹林の自然拡大が人々に知られるようになり、この問題は特に九州から関西地方にかけて顕著となっている。

2. 北部九州の低標高地における竹林拡大の特徴

　それでは、竹林はどのような場所で、どの程度拡大しているのか。事例として、玄界灘に面する福岡県新宮町の全域（離島の相島を除く）を対象に、1974年と2001年の航空写真を判読し、あわせて現地踏査を行った研究成果を述べる[1]。同町は福岡市に隣接することから都市化が著しいが、いまだに農林地が多く残る地域でもある。

　研究の結果、27年間に竹林面積は3.9倍に拡大していた。また、竹林化したの

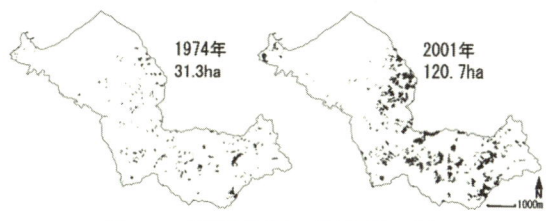

図7-1 福岡県新宮町の竹林面積の変化

図7-2 管理放棄され竹林拡大が進む樹林地

は、果樹園が最も多く、約半分を占めた。かつて、同町では、温暖な気候を活かし、丘陵地や山地斜面でのミカン栽培が盛んであった。しかし、1991年のオレンジの輸入自由化によって経営が困難となり、果樹園の管理放棄が進行したことから、果樹園に隣接して栽培されていた竹林が拡大したものと考えられた。現在これらの地域では、都市近郊の立地を活かした農業は行われているものの、林業従事者はほとんどいない状況である。そのため、かつての薪炭生産林であった広葉樹二次林はもちろんのこと、スギ・ヒノキの植林地においても竹林化が進行している。

以上のように、竹林の自然拡大は、竹林そのものの管理放棄のみならず、それに隣接する果樹園や樹林地も管理放棄されたことが重なった結果として起こっている。したがって現在、対策が必要な竹林の大部分はもともと竹林でなかった里山・里地であり、先人が多大な労力をかけてつくり上げてきたものである。日本が世界に向けて「SATOYAMAイニシアティブ」を発信する時、竹林拡大への対策は重要な課題である。

図7-3 竹林化による遮光の影響で枯死したミカン

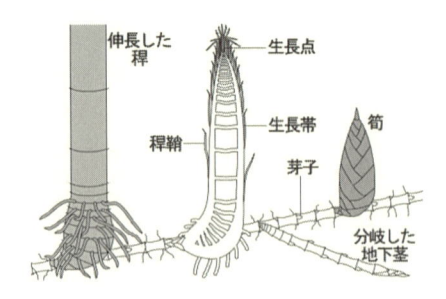

図7-4 タケの各部位および筍の生長点と成長帯

3. 竹の旺盛な繁殖力の秘密

　なぜ、竹林が自然拡大するのか。タケの生態について、既報の研究文献[2,3,4)]から解説する。

　モウソウチクならびにマダケは、その有用性から栽培面積が広く、近年の竹林拡大の要因となっている種である。マダケは古来より主に竹材として栽培されてきたとされる。一方、モウソウチクについては、諸説あるが、一般的には、江戸時代に中国から移入され[2)]、食用の筍や竹材生産のため栽培された結果、大型の帰化植物として適応したものである。

　これらの繁殖方法はともに地下茎からの筍による無性繁殖である。地下茎が1年間に伸びる長さは、普通1〜3mで、ときには6m近くになる場合もある[3)]。福岡県の糸島市で観察されたモウソウチクの地下茎は、道路脇の側溝に土砂が堆積した中ではあるが、1年間に8mも伸長していた。

　この地下茎から地上に出た筍が、稈の伸長と肥大生長をして枝葉の伸展を終えるまでの生長期間は50〜60日と短く[2)]、それ以降は生長しない。このような短期間での生長は、筍の先端部の生長点に加え、各節の上部にも生長帯があることによる。この伸長量について、1日24時間の最大値では、モウソウチクが119cm、マダケは121cm[3)]であり、非常に大きな値である。

　そして、国内最大のタケ科植物であるモウソウチクは、稈の全長20m以上、

図7-5　出筍期にモウソウチクを皆伐した場合の再生状況

図7-6　休眠期にモウソウチクを伐採した場合の再生状況

直径10〜18cm[4]にも成長し、一方のマダケでも全長10〜20m、直径8〜12cm[4]になる。

　近年、管理放棄された竹林が自然拡大して問題となっているのは、このような他の植物には見られない、タケの旺盛な繁殖力によるものである。樹木が生長するのに数十年かかるところを、タケは僅か2カ月でやってのけるのである。広葉樹林の原生林、戦前に植林されたスギ・ヒノキの壮齢林など、その樹高が侵入するタケよりも高い林分では、タケの光合成が阻害されるために、竹林化の被害は軽微であると考えられる。しかし、そのような林分は極めて少なく、現在、樹林地の多くは管理不十分な若齢林であることから、竹林化の危険性と隣り合わせである。

4. 竹林拡大への対策方法

　かつて、竹林が人の手により維持管理されてきたように、竹林の拡大を防ぐに

は人間の介入が必要である。

　造園業では、竹林を住宅地や公園などに造成する方法として、一続きの竹林について、全地上部の伐採に加え、さらに栄養供給を完全に断つために、地下茎の掘り起こしも行われることがある。しかし、多大な費用と労力を要する。また、最近では、除草剤の原液を稈に空けた穴に注入して枯殺する方法も行われているが、薬品成分の土壌への残留が懸念される。

　そこで筆者は、環境への負荷の少ない方法として、竹の地上部のみを伐る「伐竹」に着目し、福岡県宗像市において研究してきた[1,5,6]。

5. 竹林拡大対策のための初回の竹林伐採時期

　タケの侵入被害を受けたヒノキ林を実験対象地とし、タケの出筍期ならびに休眠期のそれぞれに伐採した場合の、新竹の発生状況を調査した結果を述べる[1]。

　出筍期の4～6月に皆伐を行った場合、タケの生育サイクルからみて最も活発な時期であったため、翌春の出筍期だけでなく、これより前にも多数の小さなササ状の新竹が発生した。

　一方、休眠期の2月に竹のみを伐採した場合、翌春の出筍期には、4～6月の皆伐に比べ、新竹のサイズは大きく、本数は少ない結果となった。これは、新竹1個体当たりに供給される地下茎からの栄養分が地上部で分散しないことを示しており、2回目以降の伐竹作業の省力化が可能である。

　よって、初回の竹林伐採はタケの休眠期である秋から冬の11～2月に行うのがよい。

6. 伐り残された母竹林からの影響を受ける範囲

　現在、竹林は広範囲に拡大し、土地利用や地目の区分、また、土地所有の境界を越えて生育している。そのため、竹林を伐採するほとんどの場合、周辺には伐り残しの母竹林が存在する。そのような場合、当然、母竹林の地下茎からの栄養供給により竹林が再生する。よく「竹林は、伐っても、伐っても生えてきてなくならない」と耳にする理由はこのためである。

　そこで、先ほどの宗像市のタケの侵入被害を受けたヒノキ林のうち、出筍期の4～6月に皆伐を行った林分において、伐り残しの母竹林からの影響について調

査した結果を述べる[1,5]）。

　翌春の出筍期より前にも多数の小さなササ状の新竹が発生したことは先に述べたが、翌春の出筍期になると比較的大きな母竹状の新竹が発生した。その発生範囲は、モウソウチクは残存竹林から9〜15m 以内、マダケでは5〜10m 以内と限られた。そして、これ以遠になると小さなササ状の再生竹のみが発生した。

7. 竹林拡大対策に有効な竹林の伐採面積と形状

　竹林拡大の対策として竹林を伐採する場合、できるだけ外周が短くなるように大面積のタケを伐ることにより、残存竹林からの栄養供給のない範囲を増やすことで、2回目以降の伐竹作業において、大幅に労力を軽減できる。また、これが困難な場合には、波型トタンの埋設などによる母竹林からの栄養供給の遮断を併用することで、さらに効果的に竹林拡大を抑制できると考えられる。

　以上のことを実行に移すには、周辺の土地所有者の合意を得て、地域を挙げて集中して取り組むことが必要である。

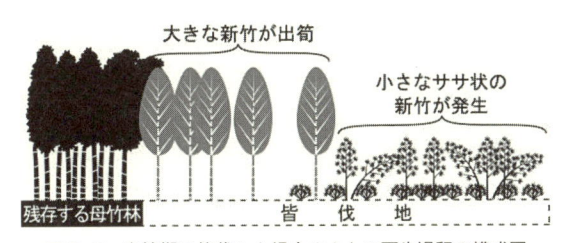

図7-7　出筍期に皆伐した場合のタケの再生過程の模式図

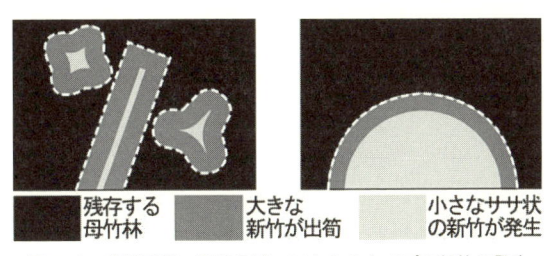

図7-8　伐採面積・形状の違いによる2タイプの新竹の発生

8. タケの駆逐に必要な伐竹回数

これまで見てきたように、タケは1回伐っただけではなくならない。

そこで、何年間伐り続ければ新竹が発生しなくなるのか、3通りの伐竹方法で3年間実験した結果について述べる。調査区は先ほどと同じく宗像市のタケの侵入被害を受けたヒノキ林のうち、出筍期の4〜6月に皆伐を行った林分において、残存する母竹林からの影響が少なく、小さなササ状の新竹が多数発生した部分に設置した。伐る時期は、新竹の葉が開ききり、蓄えた栄養分を使い果たす夏に年1回とした。なお、以下では、モウソウチクについて述べることとする[1,6]。マダケについては3年間の実験期間中に新竹が発生しなくなることはなかった。

(1) 竹伐区：手鎌で新竹のみを刈り取りその他の植物を残した場合

他の植物を残すことで、皆伐3年後には、カラスザンショウやアカメガシワを主体とする、平均植生高7.1mの先駆性の落葉広葉樹林が成立した。さらに、これらの遮光による効果で、モウソウチクの再生力が年々衰退し、皆伐後年1回夏季に2年間モウソウチクのみを刈り取ることで新竹が発生しなくなった。

(2) 全刈区：エンジン式刈払機で新竹に加え他の植物も全て刈り取った場合

皆伐3年後にも、小さなササ状の新竹が多数確認された。これは、日当たりのよい草地状となり、モウソウチクの光合成による栄養供給が可能であったためと考えられた。新竹の発生時期については、秋から冬の12月までの期間で多くなった。

(3) 対照区：最初の皆伐以降は放置した場合

皆伐2年後にはすでに稈高10mを超える大きな母竹状の新竹が発生し、最上層にモウソウチクが優占することで、カラスザンショウやアカメガシワなどはもちろんのことクスノキなどの常緑広葉樹でさえ被圧や遮光による影響を受けた。今後、これら木本類の立ち枯れが進行し、タケの純群落が形成されてゆくと予測された。

図7-9　竹伐区の3年後の状況

図7-10　放置して3年後の状況

図7-11　全刈区の3年後の状況

9. 竹林から先駆性の落葉広葉樹林へ

　以上のように、竹林拡大防止を目的として、継続的な伐竹を行う場合、新竹のみを伐る方法が最も効果的である。

　自然に生えてくるタケ以外の植物を残すことで、比較的早期に先駆性の落葉広葉樹林への転換が可能である。この実験結果は、タケの侵入から長期間経過した果樹園や樹林地において、タケが密生化し、残存して生育する樹木はほとんどない場合に応用可能である。当面はこのまま先駆樹林を維持するとともに、ヤマザクラやエノキ、ムクノキなどの実生伝播と発育を促すことで、将来的にはより寿命の長い樹林への遷移が期待できる。このことは、時代の変化とともに、薪炭林

としての機能を失い、自然遷移による常緑広葉樹林化により、落葉広葉樹が姿を消しつつある北部九州において、かつての四季の景観の変化に富んだ里山復元を進める上で有効である。

10. 里山保全活動における伐竹作業と作業効率

　筆者は、これまでみてきた研究成果を活かし、福岡県糸島市志摩町の火山(ひやま)（標高244m）において、里山の竹林化を防ぐため、地域住民、行政、学生、都市からのボランティアが協働して伐竹活動を行っている「火山里山保全交流会」とともに、モウソウチク林から落葉広葉樹林への林種転換を、以下のような方法で実践している。

Step1　モウソウチク林の初回伐採は秋から冬に行い、残存して生育する樹木は極力生かす

Step2　翌年以降に発生する新竹の刈り取りは夏に行い、それ以外の樹木の芽生えは伐らない。

Step3　モウソウチク林の伐採から2年以上経過してその他の植生がある程度回復した後に、要望があれば、伐採跡地の一部に花を楽しめるようヤマザクラなどを補植する。

　このうちStep1とStep2についての詳細な手順と要する労力について調べた結果を述べる[1]。伐採対象としたのは、平均で稈高17m、稈直径12cm、稈密度12,700本/haの大型の密生化したモウソウチク林であった。林縁部に立地し、景観上の問題を抱え、また土砂流失が生じており、防災上も問題となっていた。一方で、道に接するため伐竹材の搬出は容易な場所ではあった。

　Step1の手順として、まず、モウソウチクの伐倒には主にチェーンソーを用いた。安全面から、倒れた竹が人にあたるのを防止するためのワイヤーロープを張り、同時に、道路側へ倒すことで省力化を図った。枝下ろし・玉切りは手鋸で行い、搬出は人力とした。これら伐倒から搬出まで含めたStep1の労力は、参加者数が25～30人程度でチェーンソー使用台数が5人に1台程度の場合に効率が良く、1人1時間当たりの伐竹本数は4.13本であった。以上のように、モウソウチクは全て伐採したが、竹林内に生育する樹木は極力残すことにした。これは、裸地化した斜面の植生回復を促進するためである。

Step2について、初回の伐採の後に発生した新竹は、平均で稈高175cm、稈直径92mmと著しく矮小化し、稈密度は58,200本/haと増加した。新竹の除去には手鎌を用い、モウソウチク以外の植物は極力残すこととしたが、例外として、非常に鋭いとげがあるカラスザンショウについては、先駆樹種として優占することが予測されたため、楽しめる里山林とすることを考慮して除伐した。さらに、今後の管理も考え、特に残したい樹木には竹の支柱を立てた。Step2の労力は、1人1時間当たり21m^2、122本の新竹を除去できた。

　以上、伐竹作業の計画の参考として頂ければ幸いである。

11. レクリエーションによる竹の利活用

　「火山里山保全交流会」では、毎週日曜日の伐竹作業を基本に、伐竹活動を楽しく継続的なものとするため、会員がアイデアを出し合って、竹炭や竹酢液づくりなど竹の利活用を行っている。また、以下に述べる年間を通したイベントでも、竹の食器やカッポ酒として竹が使われている。

　まず元旦に、その眺望の良さから、火山の山頂の寺社で行われる「初日の出鑑賞会」において、迎え日として竹の薪が燃やされ、竹の絵馬が飾られる。早春の植樹祭には、竹林の伐採跡地に、花を楽しめるようヤマザクラなどが植樹されている。4月下旬にはモウソウチクの筍掘り大会が行われ、6月初旬のホタル鑑賞

図7-12　初回の竹林伐採

第7章　竹林拡大の実態と制御・活用

図7-13　翌年夏の新竹の除去作業

図7-14　竹の絵馬

図7-15　竹のブース（右は竹のスクリーン）

会では竹灯篭・行灯とともにマダケの筍料理が供される。6月下旬に開催される糸島市のフォーラムでは、水々しい生竹で装飾したブースを展示している。夏休みには、七夕飾りや流しそうめん、丸竹のキャンプファイヤーに竹が利用される。収穫の秋の10月には竹ヤグラ天日干し米づくりが行われる。これは、竹で巨大なヤグラを組み、収穫した稲束を天日干しすることで、米に付加価値を付けると同時に、幹線道路沿いで実施することにより本会のPRも兼ねる。他にも、地域の子供会との共同で、竹の鳥巣箱の設置、祭りやイベントの際に竹製の日用品の加工実演販売や門松づくり体験も行っている。

　以上のように、すぐにでも始められそうな身近な竹の利活用は、たくさんある。

図7-16 流しそうめんと丸竹のキャンプファイヤー

図7-17 竹ヤグラ天日干し米（右は内部のすべり棒）

図7-18 竹の鳥巣箱（左は藁屋根　右は木板屋根）

　団塊世代の一斉退職が始まり、定年退職者を中心に、余暇活動の一環として、里山保全活動が盛んになっている。これに加え、受益者負担の観点から森林環境税を各県が導入し、竹林拡大対策に補助金が受けられるようになっている場合も多い。また大手企業の環境対策の助成金でも同様である。これらの補助金や助成金を上手に充て、伐竹活動とレクリエーションによる竹の利活用を是非とも読者の皆様も展開していただきたい。

12. 竹林を取り巻く今後の展望

　残すべき、保全すべき竹林について触れたい。竹林が拡大しているから全てをなくせばよいわけではない。具体的な利活用の方法が決まっており、維持管理が可能な竹林は残すべきである。例えば、オーナー制度を取り入れて筍を掘る竹林、また、農村集落の景観面からポイントとなる竹林（歴史的に由来のある場所、来訪者がアクセス上通過することが考えられる幹線道路沿いや、自然遊歩道として整備が予定される山道沿いなど）は、間伐による維持管理を行うことで、グリーンツーリズムの振興にもつながると考えられる。

　最近注目されるものとして、竹チップや竹パウダーを用いた堆肥や畜産飼料、また竹炭の水質浄化材や土壌改良材、住環境の調湿材、竹繊維の強化プラスチック、割り竹の集成材を用いた建材、さらに、バイオマス燃料として竹資源を利用することなどが挙げられる。これらのように、竹を工業的に高度に利用してゆくことは、竹材の需要を大量に生み、竹林拡大対策のための伐採や、将来、生産林としての竹林管理につながる。

　工業的利用で重要なのは、生物由来のバイオマスとしての竹の形状・特性を活かすことである。代表的なのは、維管束鞘から取り出される「繊維が剛直」であること、これをとりまく柔細胞とで形成される「稈は多孔質」であることが挙げられる。これらを活かせば、現在出回っている安価な石油や鉱物由来の製品とのコストや性能面の競争に勝てる可能性がある。さらに近年、企業、消費者ともに環境への関心が高まっており、そのニーズに合致した製品化が成功の鍵と考えられる。

【藤井　義久】

第2部
市民参加による里山・里地保全とまちづくり

都市化の中で里山の面影を残す「鴻巣山特別緑地保全地区」　（福岡市南区）

「こうのす里山くらぶ」による常緑広葉樹の間伐作業・ヤマザクラ救援活動　（福岡市南区）

国際ワーキングホリデーでのスギ林の間伐作業　（福岡県黒木町）

地元高齢者の指導による伝統工法の石積み修復作業（国際ワーキングホリデー）　（福岡県黒木町）

第8章 市民参加による里山の保全管理の契機と効果

1. ワーキングホリデーの体験と効果

　筆者は大学の2～3年生の夏休みに、所属したクラブの実習で、毎年6～7人が片道切符で大阪港から船を乗り継ぎ、本土復帰前の沖縄（パスポートと米ドルへの換金が必要）の西表島に出かけて、パイナップル農園での収穫や苗の植え付けなどの仕事に携わった。毎年50日ほど働いて、その後は現地解散で、ほぼ2週間の気ままな八重山群島や沖縄本島の旅行の費用と帰りの船賃を稼ぐのだが、今から考えると、まさにワーキングホリデーであり、実によい体験をしたものだと思う。

　エメラルドグリーンに輝く珊瑚礁を眺望できる農園で自ら体を鍛えることができ、また亜熱帯の植生や人の暮らしなど風土や景観は新鮮だった。さらに季節労働者として宮古島から出稼ぎに来ている年配者から、休憩時間に木陰で、戦争中を含めいろいろな人生の苦労話を聞いたことで、自分達がいかに経験の浅い青二才であるかを思い知らされた。私たちは感謝の気持ちで一杯だったにもかかわらず、「本土の学生さんとこうして一緒に働き、話し合うことができたことは、自分の人生にとって最高よ」と言われたのでいっそう恐縮した。

　ちょうど、20世紀最大の発見と言われた哺乳類の新種イリオモテヤマネコが発見されて間なしのころであったが、原生林の島と言われながら、島の西部ではパルプ用材として原生林が伐採され、島の北部と南部を貫く縦断道の開発工事も始まっていた。すっかり西表島にはまり込んだ筆者は、卒業論文と修士論文のテーマを西表島の自然保護として、ゴムボートにテントや食料を積みこんで、毎年40～50日にわたり現地調査を行い、伐採現場にも潜入した。いよいよ沖縄の本土復帰を目前にひかえた調査の最終年には、復帰と同時に国立公園に指定することを意図した日本政府（厚生省国立公園部：復帰と同時に環境庁に独立）の調査団が西表島に入ることになり、宮脇昭先生を班長とする植生班に入らせていただ

図 8-1　西表島仲間川での調査の様子（1969 年）

図 8-2　西表島西部での原生林の皆伐（1970 年）

いた。

　このほか、調査費用や旅行費用を稼ぐために、造園緑地設計事務所や測量会社などでもアルバイトをしたが、春休みに 30 日間ほど、六甲山の遊園地の片隅の飯場に住みこみ、土方作業をしたのも体を鍛え、いろいろと貴重な体験になった。

　話が前後するが、筆者は喘息がひどくて、高校生の時も 1 年休学して、愛媛の故郷で祖父母と暮らし、クワを振るって畝をたて、里山から腐葉土を運んで、大量のスイカを栽培したり、ウサギを飼ったりしたが、これは最近始まった「田舎で働き隊」を実践していたともいえる。

第 8 章　市民参加による里山の保全管理の契機と効果

いずれにしても、若い時期のこのような体験は、ひ弱で消極的だった、筆者の体を鍛え、性格を積極的にし、貴重な社会教育や環境教育にもなったと言える。
　西表島での日本政府の調査団に同行したことが縁で、大学院修了後に東京の環境計画系のコンサルタントに就職し、環境庁の発足と同時に始まった、第1回緑の国勢調査のプロジェクトに携わった。その折に紀伊半島の吉野熊野国立公園の調査に行ったが、十津川渓谷沿いの急斜面の自然林が尾根から谷まで、延々と丸裸に皆伐されており、「こんなことが許されるのか！　自然や社会に対する犯罪ではないのか！」と身が震えるほど怒りがこみあげた。十津川渓谷は典型的なV字谷として地理で習っていたので、通りかかった村人に「さすがに凄く深いですね」と言うと、「いやいや、山林を皆伐するものだから、土砂が流れ込んですっかり浅くなってしまった。以前はあの橋脚のずっと下を流れとった」と言われ、拡大造林政策のずさんさを思い知らされた。

2. 市民参加による里山管理着手の契機

　こうして1年半ほどの東京生活を経て、昭和50年（1975）に母校の大学助手に採用された。農学部の造園学研究室に所属し、恩師の高橋理喜男先生の提案により、里山での林間レクリエーション利用に対応した生態学的植生管理を研究テーマにすることになった。当時、里山のアカマツ林や雑木林は人手の加わった二次植生として生態学の分野で評価されることは少なく、ニュータウンやゴルフ場の開発がどんどん進行していた。幼少期に愛媛の里山で遊んだ楽しい思い出、大阪府堺市の郊外に住むようになって緑なす田園地帯が、密集家屋や市街化で都市砂漠に変貌するのを目の当たりにしながら成長したこと、学部の2年生ころから造園学研究室に押しかけ、植生調査に参加させてもらって、管理放棄された里山の異変を目撃していたことから、「将来に里山が社会的に評価され、重要な役割を果たすようになるから」という言葉に素直に共感できた。
　季節や頻度を違えた多様な柴刈り条件での植生の動向の追跡には、長期の年数を必要としたが、後年に行ったクヌギ、コナラの雑木林での間伐や選択的下刈り（柴刈り）による自生ツツジの開花促進実験なども含め、やがて成果を研究論文として学会誌に発表できるようになった。しかし、研究成果を応用できる里山の管理の担い手がいないので残念だった。

だが、都市には里山で遊び、「原風景」とする多数の農山村出身者が居住し、また、公園緑地が不足する都市砂漠の中で、より自然的な環境でリフレッシュしたいと願う人も少なくないのではないかと予測した。さらに、教育研究の一環として連年にわたり、柴刈りや間伐、植生調査に協力してもらった学生諸君からは、連日の早朝の出発と深夜の帰学（高速道路の渋滞も重なる）、またお寺の本堂やユースホステルでの宿泊や自炊で、朝から夕方暗くなるまで、作業や調査が続き、夕飯後も刈り取った植物の種ごとの選別と秤量を行うハードなものだったが、卒業後には楽しかったとの声も聞かれた。

　そこで、市民参加による里山管理の可能性について、潜在力も含めて調査したいと思い、民間企業の公益信託であるFGFの1988年度の研究助成に応募したところ、これまでの研究成果に基づくテーマであったこともあって採択された。早速、鋸や剪定鋏などを買いそろえ、大阪府下の公有林（大阪市・豊中市）での実施の許可をいただくとともに、設立当初から会員だった（社）大阪自然環境保全協会の応援や学生の補佐も得て、調査を遂行することになった。

3. 市民参加の潜在力の把握と効果

　新聞社にも協力を依頼し、参加する市民を募集してみると、予想を越える人々が指定した最寄り駅に集まった。臨時バスやタクシーで予め承諾を得た公有林に案内し、作業の手順や得られる効果、安全などについて、実演や写真を交えて説明した後、午前は1時間、また昼食時間を挟んで、午後は途中20分の休憩をとって1時間ずつ、計3時間の柴刈り（大人の高さをはるかに越えて密生した常緑広葉樹がほとんどを占めたから、除伐とも言える）をしてもらった。なお、作業の開始前に、①ノルマはないこと、②作業はマイペースで気楽にすること、③作業中も自由に休んだり、しゃべったりしてもよいこと、を説明した。

　しかし、参加者は作業に熱中し、昼食時間や休憩を告げても時間の経過の早さに驚く人が多く、作業を続ける人は少なくなかった。それは密生する樹木を1本伐るごとに明るい領域がどんどん広がり、作業の成果がすぐ見えるためでもある。実施日や林地を違えた柴刈り（束ねを含む）、間伐（枝切りと束ね、1m間隔の幹の玉切りと搬出を含む）、自生ツツジを残す選択的柴刈りなど、3回の試験調査は好評でリピーターも少なくなかった。作業日ごとに行ったアンケートの

図8-3 里山管理の意義の説明と柴の束ね方の実演
予想以上の人数の市民が参加し、熱心に聞き入る

図8-4 雑木林の中に密生する常緑広葉樹の刈り取り(除伐)に熱中する参加者達(1本伐るごとにどんどん明るい林間が広がるので思わず夢中になる)

集計でも、柴刈り(選択的柴刈りを含む)では総数69人のうち、30人が「楽しくて、あまりしんどいとか、辛いと思わなかった」、38人が「楽しかったけれども、同時にしんどいなと思った」と回答し、「楽しさよりも、しんどさに閉口した」は皆無であった。よりハードな間伐でも、「楽しさよりも、しんどさに閉口した」は皆無であり、老人でも若者に劣らず作業できることが把握できた。今後の参加意欲に対する設問にも「もう、次からは参加したくない」は皆無で、自由

図8-5　初めての柴刈り体験に夢中な小学5年生

図8-6　参加者がその後自主的に集まり活動する
　　　　間伐材を活用した山道での階段工の様子

回答欄には若い女性の「友達に誘われて半ば義理で参加したが、体験してみると結構おもしろく、その魅力がよく分かった」との記入もあった。
　一方、過半数の人が里山の管理や景観保全に自ら参与することを喜び、また、そのような活動が健康づくりや自然学習に効果があると回答した。事故の懸念や体力を考慮して、小学生は募集しなかったが、一部に危険だとする回答もあったものの、母親の参加者からは「子供にも是非体験させたいし、柴刈りならちっとも危険と思わない」との感想もいくつも聞かれた。実際、後日に小学校の先生の協力で、5年生に柴刈りを体験してもらったが、何の問題もなく楽しく作業が進

第8章　市民参加による里山の保全管理の契機と効果

表8-1 参加者の年齢構成と1人当たりの平均作業率（実働時間は3時間・季節は11月末〜1月末）

	ササ刈り		密生低木の刈取り		選択的刈取り		間伐	
	人数	作業率	人数	作業率	人数	作業率	人数	作業率
小学4〜6年	3(2)人	22.2 ㎡	人	㎡	人	㎡	人	本
高校生	0(0)	—	0(0)	—	8(3)	13.4	0(0)	—
18〜30歳	5(3)	41.5	10(2)	29.5	10(5)	14.2	5(3)	5.3
31〜45歳	7(4)	59.9	11(4)	31.9	7(3)	29.0	12(3)	7.0
46〜60歳	9(1)*	64.4	11(2)	29.2	8(3)	24.4	8(2)	6.7
61歳以上			3(0)	35.5	2(1)	26.8	3(1)	4.9
合計・平均	24(10)	55.3**	35(8)	31.5	35(15)	21.6	28(9)	6.0

（ ）は女性の内数。＊61歳以上の2人を含む。＊＊小学生を除く平均。

んだ。子供達は日ごろ「木を切ってはいけない」と教えられているので、最初はとまどったようだが、密生した木を切ることの必要性を説明すると、夢中になって切りだした。協力して作業を進めたり、鋸やナタを上手に使いこなすようになること、また担任の先生との打ち解けた様子も観察された。

一般の参加者からは、今後、林床の植生がどのように遷移していくのかと関心を持ち、追跡観察会の開催を要望する意見が多数寄せられた。里山での作業体験によって、知的好奇心や学習意欲が触発された証左と言えよう。

参加者はその後も自主的に集まり、間伐材で山道に階段を作ったり、自然観察会をひらき、中には南河内地域で炭焼きなどの里山活動を進める「南河内水と緑の会」を発足させ、その後「里山倶楽部」へと活動展開する人達もあった。

4. 成果の出版と効果

このような成果に筆者は自信を持ち、学会誌に研究発表したり、鳥類保護連盟の機関誌に寄稿を依頼され「市民は山へ柴刈りに」のタイトルで掲載されたりするようになる。また、FGFの研究助成テーマが、「市民による雑木林の保全・管理のテキストづくり」であったことから、長年にわたる一連の成果を1991年に「市民による里山の保全・管理」のタイトルで出版した。

当時、大都市周辺では里山をゴルフ場開発や宅地開発から守る運動が盛んだったが、開発から守った里山をどうするかも問題となっていた。せっかく守っても、放置したのでは里山が密生化して、季節感のない暗い森にどんどん変貌して

いたからである。一部では自らの手で里山管理をすべく、間伐や柴刈りに着手するような活動も試みられていたが、「元の自然林に戻りつつあるのに、破壊するとは何ごとだ」「手をつけずに、そっとしておくべきだ」と、周辺住民や活動の仲間内、それに生態学者の中からもクレームがつき、活動を展開できないという実状にあった。このような中で、この入門書と前後して発表した一連の研究論文は、これらの活動を始めようとする各地の人々に学術的な根拠と自信をもたらしたようだ。

こうして、同時発生的に全国各地の都市周辺で、市民による里山管理活動が始められるのだが、それぞれが孤立して行われるために、多くのグループや団体が、活動する林地の確保や、活動資金、道具の確保、それに里山管理の知識やノウハウなどの点で、多かれ少なかれ悩みを抱えていた。このような実状を打開するためにも、次章で紹介する英国のBTCVのようにこれらの活動団体をまとめる、全国的なネットワーク組織の必要性を感じたのである。そこで、日本での国際ワーキングホリデーの開催を視野に入れた新たな研究プロジェクトを企画し、文部省（当時）の科学研究費の助成を申請したところ、翌年、幸運にも内定通知を受けて、いよいよ開催に向けた活動に着手するのである。　　　　【重松 敏則】

5. 都市住民による里山・里地の保全活動とそのリラクセーション効果

都市住民の環境に対する要求は、従来の単なる観光から、里山・里地における環境学習や、生物多様性保全に向けた林床管理、グリーンツーリズムなどの能動的なものへと変化している。しかし、そのような里山・里地の保全活動自体が参加者に与えるリラクセーション効果などのメリットに関する研究は乏しいことから、里山の保全活動は、環境問題に関心をもつ一部の人々の活動に限定されている。このような現状は宿泊体験型の環境保全プログラムを広い世代の都市住民が余暇として楽しむイギリスなどの環境先進国に比べて大きく遅れている。

本節ではまず、大阪府と市民団体が協働で企画実施する箕面森町における里山・里地の保全活動イベントを対象に、そのリラクセーション効果と活動内容との関係を紹介する。

2006年から2007年の秋・冬に実施された里山保全活動前後のPOMSテスト

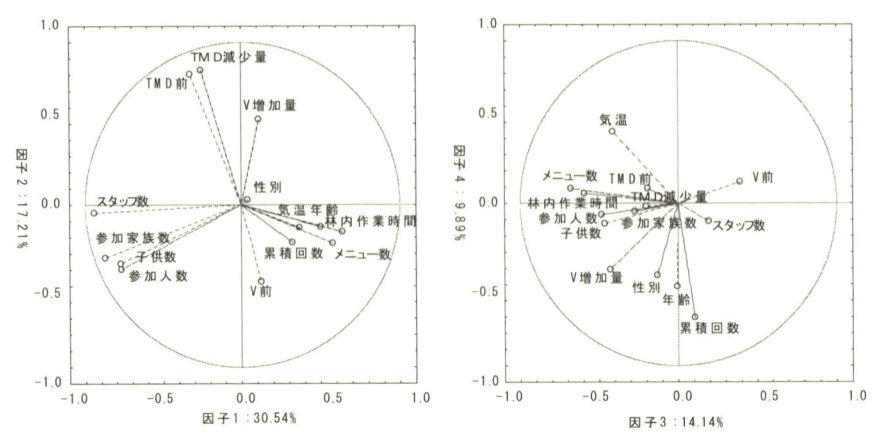

図8-7 「ストレス軽減量：TMD減少量」および「活気増加量：V増加量」にかかわる秋・冬の里山活動プログラムの特性の主成分分析結果

(POMS短縮版は1.緊張-不安、2.抑うつ-落込み、3.怒り-敵意、4.活気、5.疲労、6.混乱の6尺度における短時間の気分、感情の測定を行う質問紙法である）によるストレス反応値の合計値域である「TMD得点の減少量（値が大きいほどストレスが軽減されたことを示す）」および「V得点の増加量（値が大きいほど活気が高まったことを示す）」とこれらの気分変化にかかわる活動内容の要因を主成分分析によって解析した（図8-7）。

その結果、里山活動（サクラの植樹、ビオトープづくり、森林散策路整備、ドングリ拾いなど複数のメニューを組み合わせたイベント）による参加者のストレスの軽減量「TMD減少量」と活気の高まり「V増加量」はともに、体験前のストレスが高い参加者、活気が低い参加者ほど改善しやすい結果となった。また、「累積回数」が少ない参加者ほど、活動によるリラクセーション効果が期待できることが分かった。

以上の結果から里山保全により体験前のストレスが多い都市住民ほど、ストレスの減少や、活気の増加が期待できると考えられる。

一般的に考えると、週末の休日における里山活動にはあまり参加しないであろうストレスを多く抱える若い都市住民ほど、その里山体験によるリラクセーション効果が期待されることや、初めての参加者ほど高いストレスの軽減が期待でき

図 8-8 緑の風で実施する屋外活動（施設周辺の放棄里山林管理を地元の清水康長氏の指導を交えて実践）

る結果は、新規参加者の集客の可能性を示すものである。また初めての人でも継続した一週間の環境保全活動に関われる BTCV のプログラムなら、初参加による高いリラクセーション効果と実際に役立つ環境保全の効果が同時に期待できると考えられる。

6. バリアフリーな環境保全活動とその効果

イギリスの BTCV による環境保全活動の参加者は、大学生から高齢者まで実に多様な年代で構成される。日本の環境保全活動では、高齢者の割合が高く、若い世代の参加が課題となっている。そのような中で、年齢などを問わず、だれもが何らかの形で環境保全にかかわれる仕組みを作ることは持続的な環境保全を考える上で重要な課題の1つといえる。

このような取り組みの1つとして障害福祉サービス事業を展開する社会福祉法人緑の風（武田和久理事長 山梨県北杜市）の、三井物産環境基金の助成による環境保全事業「里山・里地におけるバリアフリーな環境保全活動（責任者：中井俊機、徳永素次郎）」の成果を紹介する。

緑の風は、障害者への自立支援を目的として、農業生産（小麦・野菜）、鉢花園芸、ランドスケープ（庭園管理）などを障害者の就労支援として実践している。本活動では新たに周辺地域における放棄里山林の保全管理も含めた野外活動が、職員と障害者に与える効果を分析中である。

調査は POMS テストを用いた職員の気分変化調査と障害者への唾液アミラーゼ測定による活動前後のストレス値の比較を行った（表 8-2）。

表8-2 「緑の風」の活動内容と職員のストレス変化

	活気(V)	緊張-不安(T)	抑うつ-落ち込み(D)	怒り-敵意(A)	疲労(F)	混乱(C)	TMD(ストレス総合値)
園芸作業(6月) n=4	2.6*	-11.0*	-0.3	-2.5*	-14.2*	-4.3*	-9.0*
森林管理(6月) n=5	6.2*	0.2	-1.5*	0.2	1.0	-2.0*	-2.6*
園芸作業(12月) n=1	0.0	-7.0*	-9.0*	3.0	0.0	-3.0*	-6.0*
森林管理(12月) n=3	5.7*	-3.0*	-5.3*	-1.3*	4.0	-4.3*	-7.0*
室内事務作業 n=12	-3.0	2.7	-0.5	-0.7	5.9	2.1	5.3

数値は各活動前後の気分測定値の変化量(平均値POMS T得点)を示す。活気(V)以外の値は数値が大きいほどストレスが増加したことを示す。

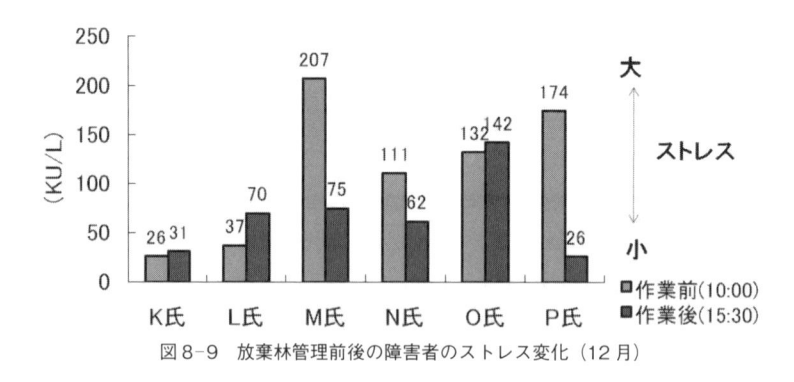

* ポジティブな気分変化　活気の増加orストレスの減少　　□ ほぼ変化なし　　■ ネガティブな気分変化　活気の減少orストレスの増加

図8-9 放棄林管理前後の障害者のストレス変化(12月)

その結果、新たな里山保全を含めた屋外活動のほうが、施設職員にリラクセーション効果を与えることが確認できた。また障害者についても、12月に実施したアミラーゼ測定値では、6名中3名が環境保全活動後のアミラーゼ測定値が大幅に減少する結果となった(図8-9)。今後も調査を継続し、環境保全に何らかの形で貢献しつつ、参加者にもメリットがある環境保全プログラムの形を探っていく予定である。

以上のように本節では、里山・里地の保全活動のリラクセーション効果という参加者側のメリットに関する研究の一部を紹介した。毎年約6万人もの参加者が継続的に休日の余暇として環境保全に参加する英国BTCVに学ぶことで、継続的な参加者の確保や、その高齢化が課題となる日本の環境保全活動でも、参加者にも楽しみがあり、持続して参加できるシステムづくりが必要と考える。

【上原 三知】

第9章 BTCVとの連携による国際ワークの取り組み

1. BTCVの発足と活動展開

　1990年4月から9カ月間、筆者は文部省（当時）の在外研究員として、ロンドン大学のワイカレッジに在籍することになり、その機会に恩師の高橋先生から聞いていたBTCV（British Trust for Conservation Volunteers：英国環境保全ボランティアトラスト）の1週間の保全合宿に参加した。そして、その活動の重要性を知ることになる。

　第2次世界大戦後、英国でも薪炭林は役割を失い、さらに農業の機械化で邪魔になる、農地や牧場を細かく区切る生垣や石垣が取り除かれ、単一作物が栽培されるようになった広々とした農地では農薬や除草剤が大量に散布されるようになる。こうして伝統的な田園景観は貧化し、生物多様性も失われ、さらに青少年や市民の自然離れも進行する。このような実状に危機感をもった42人の市民で1959年に自然保全隊（Conservation Corps）が結成され、ほぼ10年後の1970年にはボランティア活動を全国展開するために、BTCVの名称で再発足する。その活動目標は、①田園地域における伝統的景観の維持を支援する、②会員に対する自然保護の原理と実践を訓練・教育する、③自然保護区やその他の、学術的に重要な場所の維持・管理を支援する、④田園地域での教育やアメニティ利用に貢献する、⑤都市地域での環境保全、自然復元活動を支援・促進する、⑥国民全体に環境に対する認識を啓発する、⑦学校教育現場での実践的な環境教育、自然保護教育を支援する、の7項目で、日本にもまさに必要とするものだ。

　当初は「共産主義者のマスクをつけた活動」と揶揄されるなど、冬の時代があったそうだが、その活動実績は次第に社会に認められて発展し、1990年当時には301人（現在は769人）の正職員を雇用し（他に多数のボランティア職員・現在はほぼ300人）、ボランティア活動を組織するために130（現在は184）の地方

事務所と 2030 の地域保全グループを擁するまでになった。その活動は環境省、教育科学省などの政府機関をはじめ、各地の地方自治体、王立鳥類保護連盟、ナショナルトラストなどとも連携して行い、財政的にも実質的なバックアップを受けている。ちなみに 1998 年度の会計報告では、約 16 億円（現在は 41.5 億円）の年間予算のうち、保全活動による収入 25％の他は多くが助成金と寄付によるもので、中央政府が 24％、地方自治体など公共機関が 16％、民間企業や財団および個人が 22％となっている。会費収入は 1％に過ぎない。このように寄付を含め多額の財政支援を受けるようになったのは、行政や企業、社会が BTCV によるボランティア活動の展開が、里山・田園・湿地・海浜などの景観や生物多様性の保全のみならず、先に挙げた 7 つの活動目標が国民の参加による健康づくり（医療福祉）、連帯感や信頼感の醸成、失業者の保全技術訓練による自信回復と社会復帰、視野が広く異体験のある社員養成（2～3 年間 BTCV のスタッフとして派遣し、給料などは企業が負担）など、その多大な波及効果を認識するようになったからだ。

2. BTCV の活動内容

　BTCV は当時、1 年間に全国のほぼ 550 カ所で四季を問わず実施される 1 週間単位の保全合宿（ナチュラルブレイク）、週末や平日（週末勤務の人や主婦、退職者等のため）の日帰りの保全活動、それに学校の生徒や一般市民に対する教育・啓発活動、さらに障害者の参加や母親の参加のため幼児をあずかるボランティアを用意するなど、きめ細かな「いつでも」「だれでも」「どこでも」参加できるシステムを確立していた。これらに加え、意欲のある市民やリーダー養成、失業者のため、チェンソーの操作や石垣の修復など、多岐にわたる安全で生物多様性に配慮した保全技術訓練コースを各地で実施していた。

　例えば 16～70 歳の年齢層を対象に、訓練されたボランティア・リーダーのもとで実施される 1 週間の保全合宿では、失われた生垣の復元や、刈り込みなどの維持管理、石垣の修復、植樹や森林管理、自然歩道の補修、ヘドロやゴミで埋まった運河の再生と維持管理など多様な作業が行われる。会員には半年ごとに、活動プログラムの冊子が郵送されるから、気にいった場所や日程、作業内容を選び申し込む。申し込みには当時のレートで 9,000～12,000 円程度の参加費が必要で、

図9-1 英国立保護林の密生した雑木林での柴刈り（陽光が地表に届き、多様な植物が生えるようになる）

これには合宿中の宿泊費（多くが村の集会所のような所）と食費（自炊）が含まれる。

　未知の人とのコミュニケーションづくりと連帯が、BTCVの活動の重要な目的の1つであるから、友人同士との申し込みは2人に制限される。1プロジェクトの構成人数は原則として12人で、年齢や経験の異なる人々で1団が構成される。外国人も18歳以上であれば参加できる。

　筆者がBTCVの活動の実状を知るために参加したプロジェクトの対象地である、英国南部の国立自然保護林「ハムストリートの森（96.9ha）」は、1953年に買収されたもので、設置目的は、①以前から生息する昆虫相の維持のため、良好な生息環境を用意する、②薪炭・用材複合経営のシステムを伝統的方法で保持し、良好な見本林とする、③多様な森林環境を用意することにより、動植物相の多様性を高める、④科学研究の場や自然学習の場を提供し、同時に市民のアメニティ利用に供する、である。以上の目的から、かつては薪炭林であった区域の定期的な伐採更新は、この保護林の重要な管理項目となっている。

　最寄り駅に集合し、BTCV所有の小型バスで案内されたのは小村の集会所が宿舎で、床にマットを敷いて持参の寝袋を用い、シャワーも近隣の協力民家で借用するもので、階級は2だった（シャワー、ベッド付きなど上から5階級ある）。一定の時間的決まりはあるが強制することはなく、あくまで参加者の自主性にまかせる進め方で、早起きの人から朝食の準備や昼食のサンドイッチを作り、8時

第9章　BTCVとの連携による国際ワークの取り組み　　107

図9-2 免許を持ったボランティアがチェーンソーで高木も伐採（高い位置は切り株からの萌芽の食害防止のため）

半過ぎに小型バスで出発する。9時〜17時が作業時間で、1時間の昼食時間と午前と午後に30分程度ずつのお茶の時間もあった。夕食は質素であるが肉類や果物も入り、1日の作業の後の充実感と和気あいあいの雰囲気で自炊し、食事する。夕食後はほぼ毎日、近くのパブ（居酒屋）に出かけて時間を忘れて歓談し、就寝が24時を過ぎることが多かった。

筆者が参加した事例の作業の中心は、ハシバミ林とクリ林の伐採で、放置された薪炭林の管理サイクルを復活し、林内に陽光を入れて、多様な草花類や昆虫類の生息環境を用意することだった。高木のミズナラとシラカバも伐採したが、やはり林地に陽光を入れるためである。リーダーに従って進める一連の作業は、おしゃべりをしたり、気ままに歌を歌いながらの自由な雰囲気で、チェーンソーの訓練コースに参加してBTCVから免許をもらっている参加者は、得意そうにどんどん仕事を進めていく。作業の合間に、森の中で焚き火を囲んで楽しむ、お茶と懇談もまた格別である。

参加してみて、ボランティア活動は楽しみながらする、いや楽しむことが大切なのがよく分かった。参加者それぞれの充実感と思い出はいつまでも心に残る。だからこそ発展し、長続きするものだし、お金を払っても参加したくなるものだと納得できた。1895年に設立されたナショナルトラストに比較して、BTCVの歴史は浅いが（しかし2009年は60周年）、組織の発展と活動実績は目覚ましく、英国における自然保護運動体として、欠くことのできない確固とした地位を得る

図9-3 作業の合間のコーヒー・紅茶での歓談（1週間の自炊合宿により連帯感を共有する。右手前がボランティア・リーダー）

に至っている。もちろんその背景には、先にもふれたように国家や地方自治体、民間企業などによる全面的な財政支援と協力があったからこそである。

3. BTCVとの連携による国際ワーク
(1) 国際ワーキングホリデーの立ち上げ

　英国での在外研究を終え帰国した筆者は、BTCVの組織・活動について学会誌で紹介する一方、日本にもBTCVのような全国的な、里山・田園保全のためのボランティア活動組織ができればと、真剣に考えるようになった。「いつでも」「だれでも」「どこでも」参加できるシステムができれば、農山村と都市との交流による多面的な効果が期待できるからだ。BTCVの活動戦略と効果は海外からも評価され、1988年から国際ワーキングホリデーが各国に展開されつつあったから、これを日本でも実施できれば、その先進的なシステムとノウハウを導入でき、また市民ボランティアによる里山保全活動を広くアピールできると考えた。

　1993年の夏、BTCVの本部を訪ねて国際部長のアニタ・プロッサーさんに会い、日本での国際ワーキングホリデーの開催を申し入れたところ、アジア地域では初めての企画となることから、積極的な協力が得られることになった。協議の結果、こちらの提案も入れて、手始めに1994年に和歌山と大阪で10日間ずつ実施し、英国からはそれぞれに国際リーダーを含む5名ずつのボランティアが参加

表9-1　BTCV 訓練コースの内容（南東地区版による）

森林の生態・調査・管理：①樹木の識別(冬季・夏季) ②キノコの識別 ③森林の生態と調査 ④森林生物環境アセス ⑤森林管理計画 ⑥森林保全 ⑦森林哺乳動物の保全・調査
伐採・植樹：①伐採技術 ②チェンソー操作(1~3) ③ウインチ操作 ④苗木の植付け ⑤植付け後の育成
薪炭林の管理・クラフト：①薪炭林の伐採管理 ②薪炭材によるクラフト
池と湿地：①自然教育のための池 ②湿地の自然と保全 ③池の動植物 ④湖沼の観察 ⑤野生生物のための入江管理 ⑥池の造成・復元 ⑦水位の管理 ⑧池の生態と管理
放牧地とヒース原野：①チョーク丘陵草地の管理 ②ヒース原野環境アセス ③放牧地環境アセス ④ヒース原野の管理 ⑤イネ科草原の管理 ⑥低木刈取り機の操作
フットパス：①フットパスの開設 ②生垣の復元と保全 ③橋の建設 ④階段工と舗装 ⑤通過扉と踏み越し段の設置
境界工：①フェンス工（杭打ちとワイヤー張り） ②石積み工 ③生垣伏せ込み・刈込み工
活動運営・リーダーシップ：①リーダーになるには ②リーダーシップ(衝突と調整) ③コミュニティの結成法 ④現地調査 ⑤運営計画 ⑥グループ指導 ⑦救急(1・2) ⑧道具の保守と修理 ⑨編集と出版
その他：①都市自然の管理 ②都市緑化 ③校庭での保全 ④農業と野生生物 ⑤野生生物のための建築 ⑥環境保全政策

（1990年度）　一部は省略し、重複分も除く。全144コース

することになった。

(2) 和歌山県橋本市での活動組織の立ち上げと国際ワークの実施

　大阪府堺市の住宅団地で、急激な都市化の進展を目の当たりにしながら、小学生の後半から成人するまで、そのほとんどを暮らしてきた筆者は、結婚後の子育ての場所として、遠距離通勤は覚悟で和歌山県橋本市に開発された分譲住宅地（里山を破壊し造成したもので、矛盾極まりないのだが）に転居していた。そのうち、橋本市中央公民館主催の市民講座で、環境問題をテーマに講義を依頼され、それを契機に「ふるさとの自然を考える会」会員との交流が始まった。さら

に地域の公民館活動である「地球ラブ教室」の企画・実施に参画することで、問題意識を持った地域の人々とのつながりが得られた。

　これらの人々に、地域の里山・田園環境を保全管理する活動体の結成と、国際ワーキングホリデーの開催を提案したところ、積極的な賛同が得られ1993年に「橋本里山保全アクションチーム」の名称で発足することになった。都合のよいことに、都市部からの新住民だけでなく、地元農家で市役所に勤務する人や学校の先生も会員なので、地域の人材の推薦を得たり、活動場所の確保などが実にスムーズに進んだ。手始めに、会員の親睦を図ることと、具体的な活動経験を積みながらより多くの新会員の参加を募るために、数回の柴刈りを週末などに日帰りで行った。こうして、当初8人で発足した活動は、口コミや公民館だよりでの紹介記事を通じて数カ月のうちに22人の会員となり、みんなが次回の現場作業を楽しみにするようになった。兼業農家の何人かは、両親や奥さんから「自分の家の山林や田んぼはほったらかしにして、なんでよそのをやるんよ」と文句を言われながらも出てきている。地元の友人や新住民との活動を通した交流や、ふるさとの景観を守るという思いに、仕事や利害を超えた魅力や楽しさをみつけたからに違いない。

　里山・田園環境の保全活動を展開するには、地域で培われた技術や知識を実体験により習得したリーダーの養成が必要だ。次年度の夏に10日間の国際ワーキングホリデーを開催するためにも、自炊による合宿方式での活動を予行演習しておこうということになり、地域の人材（多くが高齢者）を技術指導者に、2泊3日の保全技術訓練合宿を橋本市の杉村公園内にある山彦寮で実施することになった。参加者の募集は橋本市内の住民だけでなく、県内外の都市住民との交流をも意図した活動に発展させるために、できるだけ広範囲を対象とした。それはこれまでの知見から、保全活動に対する参加希望は大都市の住民ほど高く、里山・田園の緑に恵まれた地方の小都市や町村では低いことが予測されたことと、また、外部からの参加者によって地元の人々が刺激を受けること、すなわち、遠方からわざわざやって来て、嬉々として肉体労働に取り組む都市住民の姿に、地域住民は里山や農地の価値観を再認識して、農林業に自信を持ち、視野が広がっていくためである。その実施の準備の経緯や、大きな成果については割愛する。

　年を越し毎月の定例的な現場活動を進めるうちに、1994年7月23日〜8月1

図9-4　保全活動となった和歌山県橋本市の芋谷

日の国際ワーキングホリデーの開催日を迎えることとなった。今回も技術指導は地元の高齢者に依頼し、また日本人参加者からは、宿泊費や食費に必要な実費として1万5000円を徴収することとした。このほか必要となる技術指導者への謝金や、資材費、雑費、英国からの参加者への旅費の半額補助などは、科研費や橋本市からの助成費で補てんした。新聞社の記事で全国に募集を広報してもらった効果で、参加者は茨城県や埼玉県、長野県、京都府などからも含め、弁護士や市会議員、建築家、公務員、会社員、保母、有機農法研究家、主婦と実に多彩であり、半数が女性だった。

　橋本市長の歓迎の挨拶を皮切りに、夕食の宴が始まり、ビールや日本酒に頬を染めながらの自己紹介や質問は、英会話のできる何人かの参加者が適宜通訳するから、意志の疎通も心配するほどでなく、英国からの参加者も初めての日本料理や日本人との交流を楽しんでいる。

　翌日からの現場作業では、まず30年生のヒノキ林での間伐と枝おろし、玉切り、皮剥ぎ、搬出と一連の作業を、作業の意味やそれによる効果の説明とともに、実技指導を加えながら進めていく。日本語での説明後に、リーダーのジュリーが英語で説明するのだが、道具の扱い方や安全確保については特にきめ細かく説明する。英国でBTCVが開催する各種の技術訓練コースがそれだけ充実しており、特に国際リーダーは十分な訓練を受け経験を重ねていることが納得される。ほとんどの参加者が樹木を伐り倒したり、樹皮を剥いだりするのは初体験な

図9-5 崩壊した棚田の石積みを地元高齢者の指導で修復
（第1回の国際ワーク 1994年 橋本市）

図9-6 地元大工さんと葺き師の指導で道具小屋の建築
（第1回の国際ワーク 1994年 橋本市）

ので、あちこちで日英の感動の声があがる。共同作業するうちに、既に参加者の心は国境を越えてつながっている。

　3日目からの棚田の石積み作業でも、日英のチームワークでどんどん作業が進んでしまい、2日分の予定を1日でほとんど完成させてしまった。英国人にとって棚田の風景は珍しく、エキゾチックでもある上に、英国の田園地域にも特有の石垣があり、その景観的、生態的役割が理解できるから、興味を持って熱心に取

図9-7　夕食後に神社境内でワラ草履づくり

り組む。日本人の参加者も、草土手と思っていたのにそれは外面で、石垣が組まれていることに気づき、そこに食料生産、洪水防止、野生動植物の共生、そして優美な棚田の景観が連動していることを知る時、それを修復することの充実感に、つい作業にはまり込んでしまうことになる。技術指導の高齢者も、最初はとまどった表情であったものの、もうすっかり自然体で声をかけ、身振り手振りで指図している。

　今回の国際ワークでは、今後の継続的な活動に使用する作業道具の収納庫としてワラ葺きの小屋も建設された。当初はカヤ葺きを企画したが材料入手が困難なことから、協力農家から稲ワラを提供してもらい、元々カヤ葺き師の里として知られた集落に近かったので技術指導もお願いした。また、自ら間伐したヒノキを用いるのが理想だが、生木だと歪が生じるため、別の機会に活用することにして、地元の大工さんがボランティアで設計と材料の用意も引き受けてくれた。スギ林の中で柱穴の掘り上げから始めた小屋の建築も、作業が進むほどに目に見えた形が現れてくるから実におもしろく、夢中になってしまう。大工仕事にしろ、ワラ葺きにしろ、指導者はその道の一流だから、参加者はその段取りや手際に感心しながらも、それぞれに自分達が建てているという気持ちで一体になっている。こうして最終日には、道具小屋には惜しいような立派な、しかも風流さと愛着のこもったものが完成したのである。

　作業のほかにも、夕食後に盆踊りに参加したり、鎮守の森の境内でお年寄りの

指導によりワラ草履づくりをするなど、地域の人々との交流も深めることができた。また、中休みの遠足として弘法大師（空海）が開祖した高野山に出かけたり、付近の万葉の古道を巡ったりと、参加者は国内外を問わず、日本の歴史文化や風土景観の素晴らしさを堪能したのである。

　このように、真夏の暑さの厳しい時期に実施したにもかかわらず、参加者はそれぞれに楽しさと達成感、それに共感と感動のうちに合宿を終え、去りがたい思いに浸りながら解散した。それは、技術指導に当たった地元の高齢者や大工さんも同様で、「自分の今までの人生で、一番やりがいがあった。ありがとう」と、筆者の手をとって述懐してくれたのである。

　「はしもと里山保全アクションチーム」は、その後も高齢化で休耕する棚田を次々と無償で引き受け、有機農法での種々の稲や作物栽培を継続している。また、会員農家から提供された里山を「ふるさと演習林」として保全管理するほか、地域での環境教育など活発な活動を展開している。

(3) 大阪府八尾市神立地区での活動組織の立ち上げと国際ワークの実施

　この地区は信貴山の山麓にある、江戸時代からの「花づくりの里」で、里山の中には各種の花木が、棚田にもキク、カーネーションなど種々の花卉が、切り花用に栽培されており、高収入が得られるため、大阪平野に面し山裾までに迫った都市化の影響を受けることなく、瓦葺の集落と一体なって残っていた。また当時、筆者が所属していた田園公園研究会の事例対象地として、既に地区の区長や市役所の担当職員と接触を持っていた。田園公園研究会は、都市化によって大阪の近郊からどんどん失われていく里山・田園の実状に危機感を持った、研究者、公務員、地域計画家による研究グループである。里山や農地を地域性の公園として動態保全するための方策、つまり、地域の農林業家にこれまでどおり生産管理を継続してもらうことにより保全する方策を検討することを目的に発足していた。この他、地域の自然保護団体である「八尾市愛宕塚トラスト」から依頼された講演を契機に、その会員との接点も得られていた。

　このようにして知り合った人々に、地域保全活動の立ち上げと国際ワーキングホリデーの開催について協力を呼びかけた結果、「神立里山保全プロジェクト」の名称で活動が開催されることになった。この地区でも橋本市で行ったのと同様

図9-8　山裾まで都市化が迫る八尾市神立地区

に、まず2泊3日の技術訓練合宿を実施することになったが、やはり地元の会員や市役所職員の紹介と世話によって、保全活動を行う林地や棚田の手配、技術指導の地元高齢者の紹介、それに宿泊場所となった寺院（顕証寺）の宿坊の確保まで、スムーズに準備が進んだ。参加者も12人の募集に対して38名の応募があったため、24名に枠を広げ、2班に分けて実施することになった。

こうして、1993年12月初旬にお寺で寝泊まりしながら、高齢化と後継者難で管理が放棄されてヤブ化した里山の花木園での、低木類やササの刈り取りと、棚田の修復が行われた。橋本市での合宿の場合と同様に、参加者はいずれも熱心に、また楽しそうに作業に取り組み、技術や作業の手順を学ぼうとする意欲、神立の里山・田園環境の自然的・歴史的成り立ちに対する興味も大きかった。会員など神立周辺からの参加者を除き、ほとんどの人が見知らぬ人同士であったが、寝食を共にし、協力して作業を進める中で、すぐに親密な仲間となった。さらに「子供のころ遊んだ雑木林が開発されていく中で、自分に何かできないかと考えていたので、今回の合宿は勉強になった」「ふだん見慣れている石垣も、作業を経験したことにより違った思いで見るようになった」「日本にもこのような活動の場ができ、心強く思った」などの声からも分かるように、大きな充実感や発見の機会となったことは間違いない。また、食事をもっと簡単にしてでも、保全計画のための討論や勉強会に時間を割いてほしいとの意見や、初級・中級・上級のようなコース区分で、引き続き活動できる機会を設けてほしいとの要望も出されるなど、知識欲や参加意欲も旺盛だった。実際に多くの参加者が会員になり、そ

図9-9 神立でのササ刈り（第2回の国際ワーク 1994年 八尾市）

の後も熱心に活動に参加することになった。

　以上のように神立地区でも、翌年夏の国際ワーキングホリデーの開催に向けて準備を進め、運営組織は「神立里山保全プロジェクト」とし、事務局をおいている（社）大阪自然環境保全協会にも協力してもらうことになった。国内の参加者からは橋本市での場合と同様に1万5000円ずつ徴収し、このほか必要となる資材費や英国の参加者に対する旅費補助等については、科研費や大阪府国際交流基金、行政からの助成で賄うことになった。ところが、ワーキングホリデーの開催が直前に迫った段階で、地元側から10日間もの長期にわたる協力はできないこと、また、宿舎として利用できることになっていた集会所も貸せないと申し渡されたのである。理由として、お盆直前は花卉農家にとって出荷で多忙な時期であること、集会所も地区の催しで使用する必要が生じたこと、10日間もかかわり合うことは精神的にも負担で自信がないこと、が挙げられた。これまでの地元との協議で、自主的に行う保全活動なので、一部の人が技術指導するほかは、作業場所や集会所を借用するだけで、地元には負担をかけないことを説明し、いずれも了解済みのものだった。

　実施直前になってこのような事態になった背景には、地元のコンセンサスが十分に得られておらず、「一部の人が独断で協力しており、いざ実施となれば多忙な時期に、自分達にも何らかの協力や支援を求められるのではないか」という疑念が地元住民に残っていたのは無視できない。

第9章　BTCVとの連携による国際ワークの取り組み

しかし、最大の致命的な原因は筆者が地元協力者に不信感を持たせてしまったことにある。

ワーキングホリデーの開催の1カ月ほど前に、このような国際的な取り組みを広くアピールすることを目的に、BTCV本部から国際部長のアニタ・プロッサーさんを招き、八尾市内のホールでプレシンポジウムを開催したのだが、その前日に神立の視察に案内した。その際に地元協力者と面会する都合がつかなかったため、翌日の再度の訪問を約束したものの、過密なスケジュールと多忙のため当日の約束を果たせず、せっかく御馳走を用意していた地元協力者を待ちぼうけさせてしまった。筆者としては切羽詰まった事情があったわけだが、結果的に不信感を持たせてしまったのは取り返しのつかない失敗だった。

地元との再協議の結果、神立での作業は2日間のみとし、その間の宿舎は昨年にも協力を得た顕証寺の住職に依頼して、再び宿坊を使用させてもらうことになった。残余の日程は、河南町の自然保護活動グループである「南河内水と緑の会」(その後「里山倶楽部」に活動展開)、ならびに貝塚市役所や大阪府緑のトラスト協会の協力が得られることになり、作業と合宿場所を河南町の有機農家である久門太郎兵衛氏宅、貝塚市の大阪府立少年自然の家(ここも事前の手続きがなかったので1泊のみで、急に訪れた館長より退去勧告され、市役所の橋本氏や知人の世話により近くの神社や温泉旅館での宿泊、テント生活と転々とすることになる)に順次移動しながら実施した。

こうした予期せぬハプニングがあったものの、橋本市でのワーキングホリデーの後、我が家に滞在していたBTCVリーダーのジュリーとともに、英国からの4人の新たなボランティアを迎え、そうして会員を含む19人の国内参加者とそれぞれの地域の人々との、真夏の暑さの中での楽しくも波乱に満ちた、そしていくつもの感動的なドラマを共通の思いでとして、10日間の日程を計画どおり終えたのである。

このような実績を通して、神立の住民からも活動に対する信頼と認識が得られるようになり、「神立里山保全プロジェクト」はその後、地元の人々からの道具の寄付や活動場所の申し出を次々と受けるようになり、現在も活発な活動を継続している。

(4) 福岡県黒木町での国際ワークの継続

　1994年4月に、筆者は諸般の事情により大阪の大学を退職し、福岡の大学に単身赴任した。だから前述の同年7月と8月の国際ワークも、福岡から出かけて参加し運営に当たった。福岡では研究フィールドも、人のつながりも新たに見つけねばならず、最初の1年間は卒論指導するゼミ生もおらず気楽だったが、悩ましくもあった。

　高知県の中土佐町から講演依頼があったので、国際ワークの開催を提案すると町役場の職員や聴衆から是非実現したいと要望があり、アドバイスやBTCVとの連絡などの世話を引き受けることになった。

　また、兵庫県から「豊かな森づくり整備検討委員会」の委員に委嘱されたことから、県の担当職員にも国際ワークの開催を提案した。一方、同年に福岡県黒木町で、4章で紹介している、有機農家・林家と都市の消費者による「山村塾」が結成されていた。

　翌年4月には4人のゼミ生が研究室に所属したので、にわかに活気づき、香川県から依頼された里山公園の設計のため現地調査に出かけたり、8月に開催された「中土佐町まちづくり委員会」の主催による国際ワークに参加して、休耕田でのトンボ池づくりや間伐材を活用した観察用デッキづくりに携わったりもした。

　ある日のこと山村塾の会員から電話があり、台風被害地での植樹について相談を受け、その方の自動車で案内されて、現地を訪ねることになった。それをきっかけに山村塾とかかわりを持つようになり、黒木町にたびたび出かけるようになる。

　筆者は農山村と都市住民との交流には、低廉な宿泊施設が必要なことを説明し、山村塾にも国際ワークの開催を提案した。しかし、山村塾という地域的なグループが、そのような国際的な活動に対応できるのか、資金や宿舎はどうするのか、様々な不安や課題について何回も話し合われることになった。このような中で、黒木町や福岡県筑後農林事務所をはじめ、多くの機関や団体への趣旨説明と協力要請を続けるうちに、次第に多くの方々の情熱と共感が得られるようになり、実現への手ごたえや自信が培われ、開催準備が着々と進行していったことは、人と人のつながりの大切さと素晴らしさをあらためて実感するものだった。特にかねてより建設が計画されていた、都市住民の農山村生活・農林業体験のた

図9-10　黒木町笠原地区の里山・里地の風景

めの拠点であり、交流の場となる施設「四季菜館」が、ワーキングホリデーの開催に歩を合わせるように完成し、早速、宿舎として活用されたことは、その成功の大きな一端を果たすことになった。ちなみに「四季菜館」は、有機農家である椿原氏の3割の自己資金と認定農業者として受けられる7割の融資金で、自らの敷地に建てたものである。

　話が前後するが、1996年初頭に山村塾の中心メンバーで、開催のための実行委員会「日英合同里山・田園保全ワーキングホリデーin福岡」を設立した。筆者もアドバイザーとして参加して、BTCVとの連絡などに当たることにし、また、学生達にも参加を呼びかけたところ、大学の講義で市民による里山管理やBTCVの活動に興味を持ったのか、18名もの学生が参加することになった。

　筆者は前年から進行していた、兵庫県での「兵庫もりの倶楽部」を中心とした国際ワークの開催企画にもかかわっていたから、BTCVとのスケジュールの打ち合わせや募集などの連絡も、同時進行という形になった。こうして、まず1997年5月に兵庫県八鹿町でBTCVのボランティアはもとより、阪神地域の都市住民が多数参加した国際ワークが開催された。これには研究室の学生も補佐と実習訓練を兼ねて5人派遣した。

　八鹿町での国際ワークを体験し、感動を持ち帰った学生達の刺激もあって、ますます黒木町の実行委員会も熱を帯び、遅れ気味だった四季菜館の建設もせかされることになった。そして、ついに10月25日、第1回の和歌山と第2回の大阪

図9-11　国際里山・田園保全ワーキングホリデーでの間伐と搬出（1998年 黒木町）

図9-12　国際ワークでの棚田の石垣修復
1998年　黒木町

でのリーダーだったジュリーが、3年ぶりに新たな5人のボランティアとともに、福岡にやってきたのである。こうして始まった、福岡市を中心に遠く東京、愛知、大阪、兵庫からの20名の参加者に加え、多数の地元住民、山村塾会員、それに学生達による10日間のワーキングホリデーは、成功裏に終わった。毎回のことで繰り返し言うことになるが、やはりどの参加者も感動と楽しさと充実感に時を忘れ、最後には別れを惜しみながら帰っていくのである。特に、都合で日程の半ばに帰らざるを得ない人は、実に残念そうである。

　もちろん、多かれ少なかれ英語が通じずもどかしい思いもするし、また、体力

的に疲れ気味になることも少なくない。しかし、それを越えた何かがあるのである。それが何であるかをいくら説明しても、やはり体験しなければ本当のところは理解できないであろう。体験のない人は「何を好んで、わざわざ休暇をとって、金まで払って、肉体労働をするんだ」と思うに違いない。

1998年9月に再び黒木町で開催するワーキングホリデーでは、英国以外からも参加を募ることを提案し、各国の活動団体にインターネットで通知した。その結果、英国からの5人に加え、オランダから2人、アルゼンチンから1人の参加者を得ることになり、名称もそれまでの「日英合同～」から「国際里山・田園保全ワーキングホリデー」に改称した。オーストラリアのATCVからも5人の参加申し込みもあったが、結果的に相手側担当者の病気という事情で実現しなかった。しかし、その後ATCVが企画する、国立公園での2週間の保全活動プログラムに、福岡、神戸、横浜の5人の若者が参加することになった。帰るなり「楽しかった、また行きた～い」という、彼らの言葉が、はからずも国際ネットワーク活動の意義を物語っている。

黒木町での国際ワークは、その後も毎年「四季菜館」を拠点に、スギ・ヒノキ林の間伐や枝打ち、崩壊した棚田の石積み修復などの作業を地元の高齢者や黒木町林業青年部などの協力を得て継続し、海外からの参加者も、韓国、中国、台湾、フィリピン、インドネシア、タイ、オーストラリア、米国と多彩となる。

このような中で、四季菜館よりさらに奥地の集落にある笠原東小学校が、過疎による児童数の減少で2004年3月に廃校となる。維持管理の問題から取り壊しの意向もあったが、地元の強い要望で校舎は残されることになった。筆者は例年の国際ワーク開催への参画の一方、本職の講義（環境保全論・自然環境復元論）の一環として、受講学生を黒木町に引率して、田植えや稲刈りを体験させていたから、町職員や地元の人々から大学で有効利用してはどうかと打診された。そこで、勤務先の環境設計学科の先生方や学長の協力を得て、黒木町と大学との相互協力の覚書を締結した。そして、この校舎を学生の農山村環境の認識や農林作業体験の拠点とするだけでなく、広く青少年や都市住民にも利用してもらうことと、自然エネルギーの循環利用の体験の場とすること、また国際ワークの宿泊拠点とすることも提案した。

しかし、宿泊には風呂が不可欠なため、風呂釜を2つ購入して学生達と五右衛

図9-13 農山村と都市との交流拠点となった「えがおの森」(元笠原東小学校)

図9-14 80日間国際ワークでの石畳の森林セラピーの道づくり(2008年 黒木町)

門風呂をつくり、また、地元の大工さんの協力も得て間伐材や建築廃材を活用してオガクズバイオトイレの建築、さらにグリーンファンドの助成で、太陽光発電パネルや小型風力発電機も設置できた。冬季利用も考慮して元職員室だった所に薪ストーブを設置し、交流室兼食堂とした。こうして同年の9月17～26日に「第8回 国際里山・田園保全ワーキングホリデーin 福岡」(和歌山での第1回から通算すると13回目)を、五右衛門風呂の釜は据え終わったが、まだ露天のままで開催されることになる。このように里山と棚田に抱かれた木のぬくもりとふるさとの懐かしさがこもった木造校舎に寝泊まりし、満天の星空を仰ぎながら五右衛門風呂を楽しむなど、素晴らしく、思い出深いものとなった。

　その後、この校舎は地元有志による「笠原里山振興会」で運営されるようになり、農林水産省からの助成で消防設備や教室の畳敷き、薪ボイラーの設置による給湯で、かつての宿直室の風呂場への改装、理科・家庭科室だった炊事室にも配湯されるようになった。2007年4月には公募された名称「えがおの森」(笠原東交流センター)として発足し、オープン記念の里山コンサートも開催された。この「えがおの森」は、都市部の学校、自治会、家族、多様な活動団体など年間ほぼ5000人が利用するようになる。笠原里山振興会も黒木町の支援を得て、「茶畑オーナー」や「椎茸オーナー」などの募集を行い、東京からの応募などを含め、毎回定員以上の参加者を受け入れている。

　2008年からは従来からの国際ワークの開催も含め、NICE (日本国際ワーキ

ャンプセンター）との連携により、80日間の長期の国際ワークも開催されるようになり、韓国や中国からの学生の参加も多くなって地元住民との交流はいっそう濃密なものとなった。なお、1997年からの黒木町での国際ワークの継続は、参加者同士や地元青年とのロマンスにより、これまで5組の結婚につながり、うち3組は地元に居住し、計5人の子供が育っている。　　　　　【重松　敏則】

第10章 NICEによる国際ワークキャンプの展開とトチギ環境未来基地の取り組み

　市民参加による里山・里地保全、あるいはまちづくりを進める上で重要なのは、「どんな未来を私たちは創っていきたいのか」という大きな理念の共有をいかに進めていくか、またそれを市民の力で実現するために、いかにして行動を引き出していくかという手法である。この理念と手法は市民活動の両輪であり、連動している。今日、市民参加型プログラムは多彩になり、花開いてきた感があるが、ここでは改めて、長い歴史を持ち市民活動の原型の1つともいえる国際ワークキャンプと、米国のコンサベーション コアの取り組み、また、その日本での実践を特定非営利活動法人NICE（日本国際ワークキャンプセンター）（以下、NICE）と、トチギ環境未来基地の取り組みからまとめる。

1. 国際ワークキャンプとは

　国際ワークキャンプとは、世界各地から集まったボランティア達が2〜3週間一緒に生活しながら、地域の人々とともに、環境保全活動、農業、福祉、教育、文化保護など、その地域に必要な活動に取り組む国際ボランティアプログラムである。この活動のポイントは、その名が示すように「国際」「ワーク」「キャンプ」である。

　まず、「国際」であるが、文字通りともに活動するボランティアは世界各国から集まる。国境や、文化や、宗教など様々な違いを飛び越えて、より良い環境づくり、より良い福祉づくりなど、自分が興味のあること、できることに応じて参加している。様々な国から集まった参加者が、それぞれの持ち味を活かし、支え合いながらチームとして活動するのが特徴の1つである。

　「ワーク」は、ボランティア活動である。種類は様々、その地域にとって必要なことを活動のテーマに行われている。ケニアの学校のない村では、学校を建設

することをテーマに、また地域に根付きたい日本の福祉施設では、地域の人たちを施設に呼び込むイベントを一緒に企画運営、といった具合に、必要性を形にし、活動している。地域の方々の想いや行動が、活動の原動力となっている。

「キャンプ」は、共同生活を指す。合宿形式の活動で、集った参加者や地域の人達は、寝食をともにし、活動をする。同じ釜の飯を食う、ということが協力や信頼の証でもあった時代のように、この共同生活を通じて、そこにはとても自然な形での国際交流や連帯感が生まれる。

このように、現代的な意味においても非常に重要な要素が多く含まれる国際ワークキャンプだが、その歴史は古く、第一次世界大戦直後の1920年にまでさかのぼる。大戦後、フランスとドイツの若者達が、戦争の惨劇と、戦争がもたらした国土の荒廃を目の当たりにして、「お互いの理解不足でどれだけ無駄な血が流れたか」ということを反省し、フランスのベルダンで、一緒に畑の再生に取り組んだことがその始まりといわれている。平和を実現したいという想いと、戦争で荒れた畑を再生するという行動が結びつき、生まれた活動である。

その後、ヨーロッパの若者たちを中心に、国際ワークキャンプの活動が広がっていった。1つひとつの小さな活動が重なり、大きなムーブメントとなった。1948年には国連の支援により活動を支えるCCIVS（国際ボランティア活動調整委員会）が設立され、活動は世界各地に広がっていった。

国際ワークキャンプの活動テーマも、その時代を反映している。1950～60年代は、冷戦構造、相次ぐ独立国の時代背景を受け、平和と信頼の構築や農村開発などの国際ワークキャンプが多数開催された。1980年代からは地球環境の異変や危機が注目されるようになり、国際ワークキャンプの活動においても環境保全が大きな柱として展開するようになった。そして、今日に至るまで国際ワークキャンプは拡充と多様化を続けながら、現在では毎年世界100カ国、約3,000カ所で開催される大きな活動になった。その多くが市民による、手づくりの活動である。

2. 国際ワークキャンプの日本での展開

日本に国際ワークキャンプが導入されたのは、戦後復興期である。当時の若者達が海外の国際ボランティア活動に参加したり、日本国内でのワークキャンプに

表 10-1 NPO 法人 NICE（日本国際ワークキャンプセンター）の
国際ワークキャンプ開催状況（2009 年度）

国内開催国際ワークキャンプ数	45 カ所 63 回
国内の国際ワークキャンプ活動分野	環境 29%　農業 17% 福祉 16%　教育 17% その他 21%
日本人参加者数	578 人
外国人参加者数	280 人
海外での主催ワークキャンプ数	28 カ所 43 回

参加して戦争により破壊された建物の再建や、国土の復興に取り組んだりといった動きが生まれた。1960 年代には、ハンセン病患者の療養所でのワークキャンプが盛んに開催されるようになった。

その後、ワークキャンプ活動は一時下火になったが、1990 年に、国際ボランティア活動に参加した若者達が、日本でも国際ワークキャンプを開催しようと集まり、NICE を設立した。ここから日本における国際ワークキャンプは再び大きく展開するようになる。

現在では、NICE を通じて国際ワークキャンプに参加するボランティアは、2009 年は 1,200 名にもなる。また、NICE が主催する日本国内での国際ワークキャンプの開催数は、45 カ所で 63 回にのぼる（2009 年度実績）。

3. 市民活動としての国際ワークキャンプ

国際ワークキャンプは全ての人々に開かれた活動である。特別な資格や技術は必要なく、参加したいと思う人ならだれでも気軽に参加することができる。一方、活動を企画し、運営を地域で行うグループも NPO などの市民が中心である。

もう少し細かく整理すると、国際ワークキャンプは 3 つのアクターにより成立している。①地域の受入団体：地域の受入団体は、その地域に暮らす人たちの実行委員会の形式であったり、地域に根差して活動する NPO や市民活動グループであったりすることが多い。その地域の課題を改善したいと考える人達が、改善するための具体的な取り組みを企画していく。開催に必要な財源や宿泊場所の確

保なども、地域の団体が中心になって行う。②ボランティア：地域の取り組みを応援したいという想いを持ち、日本や世界各地から集まるボランティア。実際の作業や活動に参加し、取り組みを進める役割を果たす。また、外からの視点を持ち込み、活動に新しい視点や可能性を加える役割を果たす。③地域の人々：国際ワークキャンプの開催期間中、様々な形で活動に携わる。ボランティア活動に参加したり、ワークキャンプ中の交流会に参加したり、差し入れを提供してくださったりと、国際ワークキャンプについて知り、関心を持ってくださった方々の多様なかかわりが国際ワークキャンプを彩り、深めていく。ともに活動することで地域の方々の自発的な行動を高めることも国際ワークキャンプの役割の1つである。

NICEは、その市民活動を企画する地域とボランティアをつなぐ役割を担い、国際ワークキャンプを全国に展開している。このように、接点のなかった人々が、国際ワークキャンプによってつながり、協力を深めていく。問題意識や価値観ならびに想いや思いやりを交換しながら、一緒にできることに取り組んでいく。そこに市民活動の原点と広がりを見出すことができる。

4. 市民活動の成果をどう捉えるか

運動としての市民活動だけではなく、地域や社会の抱える課題に対して具体的にどれくらいの成果を挙げることができるのか、ということは、これまでの市民活動が試行錯誤を続けてきた1つのポイントである。

まず、何を成果ととらえるか、ということは重要である。例えば、木を何本植えた、2haの里山を整備した、学校を1校建設した、参加者が15人であった、など目に見える成果がある。それに付随して、その作業をどの程度丁寧に、どの程度うまく行ったか、という作業の質がある。目標に対する達成度を評価とする方法もある。市民活動においても、数値目標を設定し、その活動を客観的に評価する指標を持つことが重要であるという認識が広がってきた。活動の理解を広げ、活動を内向きにしないためにも、これは大切なことである。

同時に、市民活動においては目に見えない成果も重要で、複眼的な評価が必要である。例えば、参加した若者が成長した、視野が広がった、地域のつながりが強くなった、地域が元気になった、主体性が高まったなど、心の動きや意識の変

化、能力の向上などは可視化、数値化が困難であるが、大切な基準である。市民活動では、成果とともに、成果までのプロセスも重要なのである。

　国際ワークキャンプにおいても、活動の質を高めるということについて実践を通じて試行錯誤を続けてきた。その経験から、市民活動での成果向上の強みは、やや逆説的ではあるが、普通の視点と普通の参加であると考える。普通の視点とは、日常の視点であり、暮らしの視点である。そこに暮らす人たちが日常で大切にすることを、大切にする。地域の人たちの、こうなったらいいなという想いを活動にする。特別なことでなくても、地に足のついた活動は、地域の人たちの視点から生まれる。

　また、特別な技能を持たない集まりであっても、地域にある技や人の力を借りることで十分な活動成果を挙げることができる。この、力を借りることができるかどうか、ということは活動の重要な点である。専門的な技術を必要とする作業がある。その時に、ある意味での素人の集まりであり、営利を目的としない活動の強みは、内部だけで解決しようとするのではなく、だれかの力を借り、解決できるよう働きかける作用を持つことである。これにより難しい作業もでき、何よりそのような専門的な技能を持った人たちを活動に呼び込むことができる。しかし、そのためには、プログラムをコーディネートするプロは必要である。国際ワークキャンプでは、NICE がその役割を専門団体として担っている。国際ワークキャンプは単発のイベントではなく、1つの地域で何年も重ねていく活動である。実践を通じて見えてきた課題を、翌年の活動に反映させる、地域の人達の言葉から想いをくみ上げ、活動に反映させる。活動の様子や課題、成果を発信していく。地域の人たちの感じる必要性や問題意識が新しい活動や社会の新しい問題意識へと展開していくのである。

5. 日本で開催される国際ワークキャンプにおける環境保全活動の事例

　国際ワークキャンプは、世界各国、多様なテーマで活動が行われている。日本でも各地で様々なテーマで活動が行われているが、中でも里山保全、環境保全活動は、NICE が主催する全国際ワークキャンプの内29％の割合を占める（2009年度）。

具体的な事例を2例紹介する。

【事例1】

名称：国際ワークキャンプ　太子・富田林
開催地：大阪府太子町、富田林市
期間：2009年8月15日（土）～8月29日（土）
分野：里山保全
参加者：日本人：5名、外国人：5名
共催団体：太子葉室里山クラブ、富田林の自然を守る会

国際ワークキャンプ開催の背景

　太子葉室里山クラブと富田林の自然を守る会との共催で11回目の開催。日本は森林が国土の7割近くを占める、森林の多い国である。戦時経済ではげ山が増えたため、戦後一斉にスギやヒノキを植えたが、経済の高度成長を迎え、木材の自由化による外材の大量輸入と、過疎問題や地域での後継者不足などが重なり、国内の森林は放置されるようになった。

　国内の森林の荒廃は、生態系の悪化や公益的機能の低下などをもたらし、一方で海外の森林を切り崩し、環境破壊を進める元凶にもなっている。森林環境の保全は政府の保護や市場経済だけでは無理があり、市民パワーによる整備が必要である。

　太子町では、里山保全に取り組む、葉室里山クラブを手伝い、ヒノキ林での作業を行う。富田林では、休耕田の手入れを行う。

　ワーク：前半の1週間は、富田林・奥の谷の里山で、スギ・ヒノキの間伐、雑木林の下草刈り、遊歩道の整備、ため池の土手の草刈り、子供達が遊べる遊具づくりを行う。後半の1週間は、太子町のヒノキ林で倒木処理、間伐材の皮むき、遊歩道づくりなどを行う。

　宿泊：手作りのログハウス、みかん小屋。自炊。
　その他の企画：座談会、ホームステイ、交流会。
　場所：大阪から南に30km、約1時間にある豊かな自然が残る地域。地元の人々は定期的に里山保全活動に取り組んでいる。

表10-2　国際ワークキャンプ期間中のスケジュール

	午前	午後	夜
1日目	―	集合	歓迎会
2日目	ワーク1	ワーク1	フリー
3日目	ワーク1	行事	花火大会
4日目	ワーク1	ワーク1	ホームステイ
5日目	ホームステイ	子ども交流	フリー
6日目	ワーク1	勉強会	中間総括
7日目	移動	集合	
8日目	オリエンテーション		歓迎会
9日目	ワーク2	座談会	フリー
10日目	ワーク2	ワーク2	
11日目	ホームステイ先でフリーデイ		
12日目	ワーク2	ワーク2	
13日目	ワーク2	準備	お別れ会
14日目	総括	解散	

図10-1　国際ワークキャンプ富田林（地域の方々と）

第10章　NICEによる国際ワークキャンプの展開とトチギ環境未来基地の取り組み

共催団体の方の声

　富田林では、1999年から国際ワークキャンプを行ってきましたが、大きな成果の1つは、行政や地域の人たちへのアピールでした。

　「国際的な取り組みの中で、地域の里山が守られてきた」という事実が、協力者を増やしてきました。2004年には、これまでの取組みが評価され、環境大臣表彰「地域環境保全功労者賞」も頂きました。田淵武夫氏（富田林の自然を守る会　代表）

【事例2】

　　名称：ワークキャンプ　大沼
　　開催地：北海道七飯町
　　期間：2009年8月30日（日）〜9月13日（日）
　　分野：森林と湖の保全
　　参加者：日本人：3名、外国人：5名
　　共催団体：NPO大沼マイルストーン22

国際ワークキャンプ開催の背景

　大沼マイルストーン22との共催で、6年連続7回目の開催。大沼マイルストーン22は大沼の湖の浄化と、ボランティア活動・国際交流活動の推進を目的として、国際交流団体の事務局長や漁業組合長が結成した住民主体の非営利団体である。

　大沼はその美しい景観から日本の国定公園第一号として、20世紀初頭から人気の観光地であったが、畜産農家等の過剰な農薬使用や、外来の針葉樹の一斉造林によって周辺の森の土壌保全機能が低下し、表土の流入が進むなどして水質汚染が悪化した。地元の人が、元スキー場を森にする運動を始めたり、広大な公有林整備の委託を受けるなど、積極的に保全活動を進めている。周辺の森を本来の落葉広葉樹に戻し、きれいで豊かな水を育む森に変えるために活動。

　ワーク：森を健全に育むために、林野庁の職員の人たちとも協力し、国有林で針葉樹の除伐、遊歩道の補修作業を行う。また、できるだけ地域の人達を広く巻き込みながら、湖岸での石積み作業や水質浄化の炭焼き作業も行う。

表10-3　プログラム中のスケジュール

	午前	午後	夜
1日目		集合	歓迎会
2日目	ワーク	ワーク	フリー
3日目	ワーク	ワーク	
4日目	ワーク	ワーク	
5日目	大沼公園散策		フリー
6日目	大沼の環境について講義		フリー
7日目	ワーク	座談会	フリー
8日目	ワーク（湖ゴミ拾い）		中間総括
9日目	大沼神社祭りに参加		
10日目	ワーク	ホームステイ	
11日目	ホームステイ		
12日目	ワーク	ワーク	
13日目	ワーク	ワーク	総括
14日目	パーティー準備		お別れ会
15日目	片づけ	解散	

図10-2　国際ワークキャンプ大沼（湖の浄化作業）

場所：大沼国定公園。観光やワカサギ漁が盛ん。
その他の企画：座談会（大沼100年の森づくり）、地元の祭りへの参加（神輿担ぎ）、ホームステイ。
宿泊：自然の中にある簡素なキャビン。自炊。

参加したボランティアの声
　国際ワークキャンプに参加することによって、環境保全のイメージが大きく変わりました。"エコ"という言葉だけだと、カッコよく聞こえますが、実際の活動は大変なことも多く、簡単なことではないと思いました。だから、森林のことや環境のことを少しでも知ってもらうためにも、実感を持つためにもワークキャンプは良い活動だと思います。〈ボランティアAさん〉

6．国際ワークキャンプに参加する若者達

　現在、日本における若者論の主流は、ニートやひきこもりといった言葉に代表されるような、問題を抱える若者達、社会的不安要素の若者達といったネガティブな論調である。確かにこれらの状態にある若者の増加は、若者本人やその家族の問題ではなく、社会が取り組むべきことであり、また、我が国の将来にとっても深刻な問題であるといえる。しかし、若者とは、若年者の総称であり、本来個別性が高く、一般論で語るには無理がある。当然、これまでの市民活動を牽引してきた若者達と同様、今の時代も地域や社会の一員として積極的に行動している若者たちも多く存在し、大きな力を秘めている。実際NICEを通じて国際ワークキャンプに参加するボランティアの内、90％は10代後半から20代前半の若者達である。

　彼らが国際ワークキャンプに参加する動機は、ボランティア活動を通じて社会に貢献したい、自分の関心のあるテーマについての現場を知りたい、新しい経験を積みたい、外国の友達をつくりたい、おもしろそうなど様々である。比重は違っても、総じてこれらの複合的なものである。

　市民活動の要諦は、参加の入口を広くもち、その先のステップがあることだと考える。楽しそう、様々な出会いを得たい、自分を成長させたいなど活動にとっては二義的なことを参加動機として入ってくる人達を歓迎しつつ、活動の本質に

いかに段階的に近づけていくかということである。国際ワークキャンプにおいても同様で、そのために、大切にしていることがいくつかある。

① 意義ある活動をつくる

活動のための活動や、体験のための活動の場合、若者たちはそれに気がつき、やりがいを見出せず意欲を失ってしまう。作業の背景をしっかり伝え、作業の動機づけを行うことは大切である。そして楽しく作業を行う。楽しさと意義ある活動は両立できるのである。

② 長期的視点を持つ

2～3週間の国際ワークキャンプでは時間も限られているため、当然できることには限度がある。参加者にとっても、受入側にとっても作業をこれだけしかできなかったという思いが残るのではなく、全体計画の中のこの部分を担ったということを共有し、評価することが重要である。

③ 役割を分担する

参加回数や経験値、できることの段階に応じて、参加者にも運営にかかわる役割を分担してもらうことも大切である。活動の中での自分の役割を見出すことで、参加者のやる気も高まり、気持ちも受け身の参加から、主体的参加へ切り替わる。NICEが主催する国際ワークキャンプの場合、初めて参加した若者が、翌年あるいは翌々年にその国際ワークキャンプのリーダーを担うということも多くある。

国際ワークキャンプは若者達が社会的課題の現場に立ち、行動を通じて学ぶ格好の舞台ともなっている。活動の継続は、将来の担い手の育成にも通じている。

7. 米国の Conservation Corps（コンサベーション コア）のプログラム

国際ワークキャンプの活動形態に類似したプログラムで、その活動を国家的規模まで展開したプログラムが米国にある。Conservation Corp（コンサベーション コア）と呼ばれるプログラムで、若者が地域づくりや環境保全活動に本格的に取り組む仕組みと、その実践活動を通じて次代を担う若者を育むということの両立を図るプログラムである。若者（16～26歳）がチーム（10人程度から200人規模のものまで）で長期間（6カ月から12カ月）環境保全、自然の再生、被

災地の復旧、貧困地での教育など社会の抱える課題に対して実践的に取り組む。全米44州で143のプログラムが開催され、年間29,600人の若者が参加して、延べ21,349,749時間を活動に注ぎ、大きな成果を挙げている（いずれも2008年の実績）。

　この米国のコンサベーション　コアの歴史も古い。1930年代の世界恐慌時に、時の大統領であったフランクリン・ルーズベルトが、不況により急増した若年失業者を、当時から既に荒廃が問題となっていた、国土の保全に結びつけた政策を起源に持つ。そのプログラムはCivilian Conservation Corps（CCC）と呼ばれ、失業した若者へは働く場と、学びの機会、最低限の所得を保証するとともに、その力を自然環境の保全、過疎・農村地域でのインフラの整備等にむけ、大きな成果を挙げた。CCCへは、1933年から1942年の間に、600万人を超える若者が参加している。

　コンサベーション　コアは、環境保全活動の実践に加えてプログラムのもう1つの柱に、若者の育成を掲げている。フィールドでの実践活動を通じてや、集団での活動を通じての学びを重視し、プログラムの約7割の時間をフィールドでの作業に使っている。一方で、体系的な学びの時間も用意されており、環境保全活動やNPOマネジメントなど活動に関連する知識を得る機会やグループワークにより、協調性や責任感、感性や思いやりの心、リーダーシップや決断力など、生きていくために必要な力、いわゆるライフスキルも養う機会も充実している。この自然環境の保全活動の実践と、次代を担う若者をその活動を通じて育むという2つの柱は、補完しあい同時に成立する。米国のコンサベーション　コアを実施する団体のミッションステートメントにも、この両立を謳っているものも多い。例えばLos Angeles Conservation Corpsは、その使命を「学齢期の若者やリスクを抱える若者に、環境保全活動やコミュニティーに貢献する機会を提供するとともに、技能訓練、教育、職業経験を通じて、成功の機会を提供することである」と掲げている。さらには、このプログラムをやり遂げた若者にはその努力のお返しとして大学に進学するための奨学金が支給されるという制度とも連動している。経済的理由により大学進学が困難な若者でも、自身の力で道を開くことができる1つの選択肢になっている。

　日本の自然環境や、若者が抱える課題と照らし合わせた時、このプログラムは

表 10-4　コンサベーション コア 2008 年度の実績

コンサベーション　コアプロファイル（2008 年度）	
プログラムが行われた州の数	44 州
プログラム開催数	143 カ所（団体）
内、NPO による運営	72 ％
財政規模　406,500,000 USD	（約 380 億円）
州、郡、自治体からの補助金	13％
連邦政府からの補助金	43％
Fee-for-Service（作業の対価）	27％
助成金、企業寄付	14％
その他	3％
参加者の数　29,600 人	
性別　男 63％　女 37％　平均年齢　20 才	
活動に従事した延べ時間　21,349,749 時間	
全体で活動に巻き込んだボランティアの数　226,982 人	
環境保全、自然の保全・再生等関する活動 58 ％	
教育や、福祉に関する活動　23 ％、　その他　19 ％	

日本においても必要であり、有効であると考える。保全活動を進めるとともに、里山保全活動や、環境保全活動を次代の若者を育む場、として活かすことができる。

8. シアトル市の EarthCorps を例に 1 つの拠点ができること

次に、米国に 143 あるコンサベーション コアの実施団体のうち、1 つの団体の取り組みをまとめてみる。

ワシントン州シアトル市にある EarthCorps は、1993 年に設立された団体で、シアトル市およびその周辺を活動範囲とし、コンサベーション コアプログラムを行う。2008 年度プログラム参加者は 60 人で、EarthCorps が参加する若者達とともに達成した主な作業の成果は、

・延べ 100,000 時間の作業

・11,500人のボランティアの活動への巻き込み
・25マイル（約40km）のトレイルを整備
・70,000本の木を植林
・150エーカーの森林の再生

　となっており、非常に大きい。それを支えるのが、強力な運営体制と財政である。EarthCorpsには、有給スタッフが21人おり、職務も一般企業のようにマネジメントから、営業、フィールドスタッフ、学習担当スタッフといったように分担し、専門化されている。

　EarthCorpsの2008年度の決算額は、収入が1,910,238ドルで、その内約68%をFee-for-Service（作業の対価）として得ている。このコンサベーション コアの強さの1つには、このFee-for-Serviceという考え方と仕組みがある。コンサベーション コアの運営を政府や地方自治体からの補助金のみに頼るのではなく、しっかりと成果を挙げる仕事を請負い、その対価として資金を得る、それにより運営費や参加者の教育費に使うという仕組みである。

9. 日本でのコンサベーション コアの実施に向けて～トチギ環境未来基地の取り組み

　筆者は、1999年に前述のシアトルでのコンサベーション コアに参加した経験を持つ。このプログラムの素晴らしさを、身を持って体験して以降、この米国のコンサベーション コアをモデルとしたプログラムを日本に応用導入することを長く計画してきた。その優れた仕組みや長い経験が生み出したノウハウに学びながら、日本の「自然環境の保全」と「若者の育成」を両立させる実践的プログラムをつくるため、2009年トチギ環境未来基地を設立した。2009年秋には、Tochigi Conservation Corps第1回プログラムとして、45日間の若者のチーム（日本人4人、韓国人2人）による、合宿形式の環境保全活動プログラムを実施した。このプログラムでは、宇都宮市内にある自然保育園の森づくりを主な活動とし、幼稚園に隣接する長い間放置されていた森を、子供達が自由に遊び、自然を感じ、学ぶことができるように整備した。集まったメンバーで森を歩き、植生調査をし、意見を出し合いながらどのような森に整備していくべきかを計画した。作業は、アズマネザサの刈り払い、倒木の除去、枝打ち、森の看板づくりが

図10-3 トチギ環境未来基地（幼稚園の森づくり）

中心となった。作業時間は延べ81時間、作業人数は週末などに参加した部分参加者も含め延べ194人であった。期間中には、学習プログラムやリーダーシップトレーニングなどのプログラムも行った。45日間のプログラムが無事終わり、ほぼ目標通りの作業を達成することができた。日本においてもコンサベーションコアは実現することができると確信できるものだった。

また、トチギ環境未来基地では新しいプロジェクトとして、「若者自立支援団体との連携による、森づくり事業」も始めた。長くひきこもり状態にあった若者も、それぞれのペースで活動している。

10. これから日本の里山保全・環境保全活動を発展させていくために大切なこと

これからの里山、環境保全活動をさらに発展させていくためには、活動を展開する拠点を強化し、増やしていくことが不可欠であると考える。ここでいう拠点とは、スタッフ＋事務局＋プログラムである。例えばシアトルのEarthCorpsが、そこに参加する若者達と活動を行いながら、年間11,500人もの一般のボランティアを活動に巻き込んでいるように、強い拠点があることで、地域のニーズ把握、地域との連携構築、活動のコーディネート、成果の積み重ね、継続的なプログラム改善などを図ることができる。それが活動を日常化させ、質の高い活動

につながる。楽しみたい、友達をつくりたいなど参加者の多様なニーズにも答えることができ、活動のファンを増やしていくことができる。

また、これから特に若者参加を広げていく場合には参加する若者たちへのインセンティブを考えていくことも重要である。基本的にはボランティア活動でありつつも、米国の奨学金制度のように将来を自らの力で切り開きたいと願う若者たちの有効な選択肢となり得ることでその活動の可能性も大きく広がる。

もう1点は、資金である。事業を継続発展させていく上では、安定的な資金の確保が不可欠である。運営費を寄付や補助金、助成金にのみに頼るのではなく、自らの活動によって資金を得ていく仕組みをつくること、ある意味での経営の視点を取り入れることが里山、環境保全活動においても重要になってくるであろう。そのためには、これまでとは違った角度から活動を捉え、また新たなアイデアや人のつながりを生み出していく努力が必要である。

これらを満たした強い拠点を増やすことで、日本の里山、環境保全活動はさらに大きな発展を遂げると確信している。
【塚本　竜也】

第11章 都市と農山村が連携する山村塾の取り組み

1. はじめに

　里山や田園風景が美しい黒木町と筆者との出会いは、1997年に行われた国際ボランティア合宿「日英合同里山・田園保全ワーキングホリデーin 福岡」だった。当時大学生だった私は、本書の編者である重松教授の研究室に在籍しており、学生ボランティアスタッフとして活動に参加した。正直なところ、はじめはワーキングホリデーをなめていた。「わざわざ大人が集まって、10日間も何をするんだろう？」と。しかし、その考えはすぐに吹き飛んだ。黒木町を訪れ、そこで出会った地域の農林家の知恵や技、考えに大きなショックを受けたからだ。

　棚田の石垣積み名人・稲葉さん（当時76歳）は、21歳の私がどんなに力を入れても動かすことができなかった大石を、ひょいひょいと巧みに動かしながら、石垣を修復していた。しかも朝から日暮れまで疲れ知らず。地元の林業研究グル

図11-1　黒木町の美しい農山村景観

ープのメンバー（当時 30〜40 代）は、足場の悪い山の中で、ノコやナタ、チェーンソーを自在に操りながら、次々に作業を進めていく。とてもかっこいい。夜の飲み会では、農家のおっちゃん達から、食の安全、環境問題、農業の魅力などなど熱い話を聞くことができた。そして何よりも、一日中、外で汗を流し働いた後の、地元の食材たっぷりの田舎料理が最高だった。たった 10 日間だったが、生きている、働いている充実感いっぱいに満たされた。それが出会いとなり、大学卒業後、山村塾の事務局に就職し黒木町に移住。2010 年現在で 11 年目を迎えている。

2. 都市と農山村が一緒に　山村塾の設立

　福岡市から南へ 60km。あと一山越えれば熊本県という九州の内陸部に、我が黒木町はある。標高は 60m から 900m と起伏に富んだ農林業中心の町で、標高が低いところではイチゴやブドウなどが作られており、奥に入ると、スギやヒノキの山々に囲まれながら、棚田や茶畑が広がっている。

　そういった自然豊かないわゆる農山村で、1994 年、「都市住民と農山村住民とが一体となり、棚田や山林といった豊かな里山などの山村環境を保全する」ことを目的に、2 軒の受け入れ農家を中心とした山村塾が設立された。その背景として、1991 年の大型台風 17 号、19 号によるスギ・ヒノキ林の風倒木被害（北部九州は大きな被害を受けた。黒木町内では 2 週間以上停電した地域があった）、1993 年の米不足（記録的な冷夏で、全国の米の作況指数が 74 になった。この年はじめて日本の食料自給率が 40％を切った）があり、食糧自給の必要性や針葉樹一辺倒の植林の見直しについて市民の意識が高まっていたことがある。

　受け入れ農家の 1 つ「椿原家」は、以前から合鴨による米作りや有機農業を手がけており、産直グループや生協の生産者として消費者との交流活動を行っていたが、短時間の見学ツアーや単発的なイベントなどといった密度の薄い交流に疑問を抱いていた。また、もう 1 つの受け入れ農家「宮園家」は、生協グループの協力で、台風による風倒木被害地に広葉樹の植林を行ったものの、その後の管理に頭を悩ませていた。そんな折、後に事務局長となる毛利宗孝が、「米づくりを教えて欲しい」と椿原家を訪れたことがきっかけで話がはずみ、棚田で米づくりを行う稲作体験コース（担当：椿原家）、いろいろな生き物が住む森づくりを目

指す山林体験コース（担当：宮園家）、消費者の立場から参加の事務局（担当：毛利家）という、3家族による山村塾設立と会員募集が始まった。

発足当時、31口だった会員数は、現在（2009年度）、108口の家族、個人、団体となった。平成18年には緑化推進功労者として内閣総理大臣賞を受賞。受け入れ側の「楽しくなくなったらやめよう」という緩やかなスタンスと、農山村の自然を守りたいという熱い気持ちに惹かれて、次第に人が集まり、活動の幅も規模も大きくなってきた。

3. 稲作コースと山林コース

稲作コースは、8段で2反（20a）の棚田をフィールドに、合鴨農法（正式には合鴨水稲同時作）によって、稲の種まき（苗代づくり）、田植え、合鴨進水、田の草取り（2回）、鴨の引き上げ、稲刈り、鴨さばきといった季節に応じた作業を行う。年会費45,000円の内訳として、合鴨米60kgの代金（36,000円相当）が含まれている。

山林コースは、2001年の台風による風倒木被害を受けた後、ケヤキ、ヤマザクラ、エンジュ、クヌギ、コナラ、アカマツなどを植樹した山林2ha（標高およそ700〜800mの場所）と炭焼き窯（山小屋、薪小屋を併設）が主なフィールドになっている。また、それ以外に、地域の共有林（スギ・ヒノキ林）などでも活

図11-2 稲作コース活動風景（棚田での田植え）

図11-3 山林コース活動風景（下草刈り）

動している。山林コースも稲作コースと同様に、季節に応じた山仕事メニューを取り入れ、春の植林、夏の下草刈り（2回）、枝打ち、間伐、しいたけ菌打ち、炭焼きといった作業を行っている。年会費17,000円には、宮園家の農林産物である「山の幸（干しいたけ、八女茶、季節の山菜や里芋などの野菜、10,000円相当）」の代金が含まれている。

　実際のところ、棚田や山林を守るといっても、小さな子供や初心者が多いと、作業としては進まないものだ。設立当初は、「20人の素人と1人のプロとで一緒に作業をするが、目標の作業量はプロ1人分。その代わりに、プロである農林家は、ゆったりとした時間、都会の人と語り合う、交流する時間を得ることができる。肩肘張らず、ノルマは設けず、お互いが気軽にかかわれるようにしよう」としていた。しかし、活動の年数を重ねるにつれ、ベテラン会員が増え、良きリーダーとして初心者や子供たちの面倒を見てくれるようになった。うれしいことに、当初の予想を裏切って作業能率も良くなってきた。山村塾10年目の小学6年生が、田の草取りや稲刈り作業のベテランとなり、合鴨農法の解説まで担当することもある。

　そういった山村塾の活動を行う上で、大切にしていることが3つある。まず第1に「お客さん扱いしない」こと。農家が都市住民を受け入れる際、ついもてなそうとしてしまうが、都会の人達が求めているのは、豪華な料理ではなく、農家

図11-4　家族での農作業（田の草取り）

が日ごろ食べているようなホッとする郷土料理であり、お膳立てされた体験イベントではなく、都会では味わえない非日常な体験なのである。

そして第2に「年間を通じた活動」。参加者が毎回楽しみにしている里山の景色や郷土料理は、田植えや稲刈り、山の下草刈りといった四季の農林作業を通じてこそ、本物を味わうことができる。単なる作業体験だけでなく、それを通じた四季の景色や香り、味といった季節を丸ごと体験してほしいという願いがある。

最後は、「家族ぐるみの活動」だ。初めは「子供に体験させたい」という理由で参加した親たちが次第にのめりこみ、子供の先頭に立って汗を流しはじめる。無理やり子供に農作業をさせようとしても、なかなか長続きしないものだが、親が楽しめば、自然と子供も興味を持ち、つられて作業に集中する。加えて、今の時代、親が汗を流して働く姿を子供たちに見せることはなかなかないのではないだろうか。また、家族で体験を共有することで、その場限りの体験に終わらず、家に帰ってからも山村塾の話題で会話がはずむ。そうすることで、日常生活の中で農山村との接点を考えるきっかけが増え、結果的に環境にやさしい暮らし、農山村を守る暮らしにつながっていく。

4. 週末の「里山ミニワーク」

日帰りの作業が中心となる稲作、山林各コースとは別に、里山でちょこっと働こう！を合言葉に、週末1泊2日の日程で「里山ミニワーク」なるものを実施し

ている。作業内容は、耕作放棄された棚田やミカン園の草刈り管理、竹林の整備、伝統的な在来種の茶園管理（お茶摘みや手揉み茶づくり）といった里山・田園保全作業、炭焼き、納豆作り、味噌作り、しめ縄づくりといった伝統的な農山村の手仕事を行っている。この事業は、10日間のボランティア合宿・ワーキングホリデーを地域に根ざした日常的なボランティア活動にしようと、2000年4月から月に1回程度、実施している。

　稲作コースや山林コースに比べて滞在時間が長く、少人数でじっくり取り組むことが特徴であり、会員外の一般参加も多い。農家や他の参加者と一緒に、農作業や山仕事に汗を流し、囲炉裏を囲んで語り合う、ゆったりとした時間がある。

　特別にまちおこし、むらおこしのプログラムを作るのではなく、その季節の農家の仕事、昔ながらの農山村の仕事をそのまま活動にしていることで、運営側も参加側も無理なく、毎回いろいろな活動を企画できるようになった。

5. 里山ボランティア育成

　最近、定年帰農や二地域居住などと言われるように、定年後のライフスタイルの場を農山村に求める「農的暮らし希望者」が増えてきた。そういった人たちは、山村に住みたい、または定住希望ではないけれど、農作業、山仕事をやってみたい、という人たちである。しかし、土地、資金、人間・地域関係、技術・体力面で困難な場合が多い。農山村では、年配者が共同作業や地域活動を通じて、次世代を育ててきた。けれども、農的暮らし希望者にはそういった師もなく、それを身につける機会も乏しい。また、行政や農協は、いわゆる経済活動としての新規就農は歓迎だが、楽しみながら農的暮らしを行いたい人には不親切である。

　そこで、そういったニーズに応えるべく、山村塾ではこれまで行ってきた活動のノウハウを活かして、農山村の生活体験がない人でも、正しい知識と技術を身につけることができる「プロが教える山仕事講座」と「里山の農業講座」という2つの講座をスタートさせた。

　山仕事講座は、地元の林業研究グループ「黒木町林業振興会」との連携で2002年度から始まった取り組みで、ノコ、ナタ、チェーンソーの使い方、安全な伐木作業などの技術講習である。ここでの修了生は、県内の森林ボランティア活動で作業リーダーとして活躍したり、中には本格的な林業の手伝いを行うほど

図11-5 棚田の草刈りを終えて

の技量を身につけた人もいる。

　農業講座は、2006年度から始めた取り組みで、無農薬による野菜作りを通して、トラクターや耕耘機、草刈り機など農作業に必要な機械操作の講習、堆肥の作り方から始まる土作り講座などを行う。講座の中には農具の使い方や身体を痛めないための作業方法も盛り込まれている。

　こういった講座で技術や知識を身につけた人の中から希望者を募り、「里山ボランティア」として認定し、活動の幅をもっと広げてもらう取り組みを展開している。認定されたボランティアは、農山村に滞在して、里山・棚田の保全に関する農家の仕事を手伝う。農林家は、大型機械や除草剤、農薬を買うのではなく、ボランティアを受け入れることで地域の自然環境を大切にした持続的な農林業を目指すことができる。実際に、農繁期の1カ月間、農家にホームステイし農作業を手伝うボランティアも出てきた。このとき大切なことは、きちんと講座を修了し、経験を積んだ「里山ボランティア」を育てるということである。一定のハードルを設定することで、技術と意識をもったボランティアが育つ。そして、力のあるボランティアが農山村で活躍することで、農林家がボランティアに触発され、ボランティアと農家のボランタリーな真の交流が生まれることを期待している。山村塾の中だけでなく、地域に広がってほしい取り組みである。

図 11-6　里山 80 日ボランティアの下草刈り作業

6. 中長期滞在型ボランティア「里山 80 日ボランティア」

　2008 年、2009 年のそれぞれ 9 月 1 日から 11 月 19 日の 80 日間、元小学校校舎を利用した笠原東交流センター「えがおの森」を滞在拠点に、ＮＩＣＥ（日本国際ワークキャンプセンター）との連携によって黒木国際ワークキャンプ「里山 80 日ボランティア」を開催した。2 回の活動には、ニュージーランド、スロバキア、フランス、イギリス、アメリカ、韓国、台湾、日本といった 8 カ国からボランティアが集い、グリーンピア八女「森林セラピー基地」の遊歩道整備やスギ・ヒノキの枝打ち、農作業の手伝い、地域の運動会や祭りへの参加を行った。

　これまでの山村塾や 10 日間のワーキングホリデーでは、参加者の満足度は高かったものの、地域の人たちとの交流・連携という面では、協力者である一部の人たちとの接点しかなかった。しかし、80 日間という長期間を過ごすことで、より多くの人とふれあい、地域の一員同様に受け入れてもらった。これまで関心がなく、眺めていただけの人たちを少しずつだが巻き込みはじめている。

　また、この事業は、2010 年 2 月 24 日～3 月 15 日にも 20 日間の里山 20 日ボランティアを開催し、徐々に継続的な取り組みに発展してきている。今後の目標として、2015 年までには、第 10 章で紹介されている Conservation Corps をモデルとした、通年の滞在型ボランティア合宿事業に発展させたいと考えている。

7. パッチワークの森づくり

　ここ数年、企業や団体から、森林ボランティア活動をやりたいという相談が増えてきている。その多くは、植林活動の依頼がほとんどである。一般の人たちにとって、木を植えることは森を守り育むことであり、環境保全に貢献することというイメージが強いのだろう。しかし、本書の第1部で、重松、佐藤らが述べているように、日本の森林の多くは、植林後の管理が行き届いておらず、木を植えることよりは、間伐すなわち、木を切ること、利用することが求められている。

　そうした植林活動を希望する一般の人たちを、どうすればより幅広い森林保全活動に巻き込めるか思案した結果、手入れ遅れのスギ・ヒノキ林において、15m四方の小規模伐採を行い、その後に広葉樹を植樹する森林づくりプログラム「パッチワークの森づくり」が生み出された。

　この事業は、本書の著者である重松、朝廣の協力を得ながら、2007年度に6区画、2008年度に3区画をモデル事業として整備し、その整備手法と呼びかけるための企画の検討を行った。そして2009年度からは、「いろいろな生き物と共生し、多様な恵みをもたらしてくれる豊かな森を次世代に残す」ことを目的に、1区画の整備につき一口10万円の協力金募集を開始した。この事業の特徴として、①小規模な整備でとりかかりやすく、成果が見えやすい。②荒れたスギ・ヒノキ林に広葉樹が入り混じり、多様な生態系が期待される。③森林ボランティアの活動の場づくりになる。ことがある。

　2009年度の成果として、企業から一口、個人から二口の協力を得て、3区画の整備を行うことができた。森林づくりは、短期の経済的な価値観だけではなく、資源や環境問題を見据えた長期的な視点が必要である。だからこそ、林業関係者だけにまかせきりにするのではなく、より多くの人の関心を集めながら、森林づくりをすすめる必要がある。この事業を通じて、市民やNPO、地域住民、企業

図11-7　パッチワークの森 整備のイメージ

や団体、大学や行政といった様々な連携が育つことを期待している。

8. 運営の仕組み

　山村塾の収入は、年会費と参加費、そして補助金や助成金などによって賄われている。またこの他に、「ヤマヤマ基金」という寄付を募る仕組みを作り、これによって事務局の人件費の一部を賄っている。ヤマヤマ基金スタートのきっかけは、2000年度から始まった国の事業、中山間地直接支払い制度である。この制度は、棚田などの条件不利な傾斜地で耕作する農家に対して、その農地を管理することで多面的な機能を保全していることを評価し、助成金を支払おうというものだ。山村塾の受け入れ農家である椿原、宮園らは、山村塾の活動を発展させるために、この制度を利用して若いスタッフを募集することを考えた。実際に助成金が入った時には、いろいろな制約が付いて、最初の予想の半分ほどしか手元には残らなかったのだが、時すでに遅し、筆者と山村塾の年間契約がスタートしていた。

　ヤマヤマ基金の現在の内訳は、①椿原家・宮園家の中山間地直接支払金の一部、②2軒の農家が山村塾を通じて得た収入（会費による農産物代、食事代、農産物売上）の1割、そして③山村塾会員からのカンパとなっている。いきあたりばったりのスタートではあったが、始まってしまえば何とかなるもので、現在に至っている。

9. 山村塾はかつての農山村の姿

　山村塾のように、能力や考え方、役割が違う人達が集まって共同作業を行うということは、昔の農山村では当たり前のことだったのではないだろうか。地域の古老がいて、働き盛りの夫婦がいて、若者がいて、田んぼで遊ぶ子供たちがいる。それぞれの立場でそれぞれに役割があり、忙しい時は子供だって草刈りや薪集めをするし、お年寄りは竹細工やワラ細工で日用品を作っていた。田植えや稲刈りの時には、隣近所で助け合ったほか、遠くから親戚、縁者が駆けつけて手伝っていた。その人にできる仕事があって、だれにでも居場所があった。

　山村塾を間近で見ていると、都会では忘れられた人と人がつながる社会が再現されているように感じる。そういった場が今の都市生活や社会には必要とされて

図11-8 ワーキングホリデーがきっかけで人口増加！

いて、だからこそ、人が人を呼び、活動が続いてきているのではないだろうか。
　山村塾発足から17年が経ち（2010年現在）、地域の人たちや行政の視線やかかわり方が少しずつ変わってきている。発足当時は、見慣れない活動であるために、もしや怪しい団体では？なんてうわさがたったこともあるそうだ。そうでなくとも、農林業の仕事を「きつい、もうからない、子供や孫には継がせたくない」と思っている農林家は少なくない。今の世の中、農林業で生計を立てることが難しいことは事実だ。しかし、農作業や山仕事は、確かな喜びやお金に代えられないやりがいを感じられる仕事であり、都市住民の中でそれを求めている人は決して少なくない。その証拠に、山村塾やワーキングホリデーをきっかけに移住や結婚、出産によって、町内で10名の人口増加（3名は私たち夫婦と息子である）に貢献した。
　海外や都会から集まってくる人たちが泥にまみれて楽しそうに働いている姿に加え、活動を通じて地域に移り住んだ人が出てきたことで、地域の理解者や応援団が増えはじめてきた。今後は、そういった人たちと手を結び、3軒の家族で始まった山村塾の取組みを次の取り組みにつなげていきたいと考えている。一緒に汗を流したい人、募集中です！！

【小森　耕太】

```
団体名称：山村塾
代　　表：宮園福夫
連 絡 先：山村塾事務局
　〒834-1222
　福岡県八女市黒木町笠原9836-1 えがおの森内
　電話・FAX 0943-42-4300
　Eメール　sannsonn@f2.dion.ne.jp
　http://www.h3.dion.ne.jp/~sannsonn/
会員数：108口（2009年度実績）
年間活動者数：約2,000人
年間活動日数：約150日
```

第11章　都市と農山村が連携する山村塾の取り組み

第12章 都市部の里山保全活動
——こうのす里山くらぶを事例に

1. 都市部に残された里山

　市街地が広がる都市部でも、数十年前は田畑が広がる農村だったという場所は多い。市街化が進む中で平坦な場所は早々に宅地化され、開発しにくい斜面地や丘が緑地として残された。そのような緑地は、かつては雑木林や秣場（茅場）として利用されていた里山であった。そこは燃料となる薪や田畑にすき込む腐葉土を採る場所だったのだ。周辺の水路や集落などと一緒に、暮らしや遊びの場として活用されていたことだろう。

　現在では、道路や宅地に囲まれて「市街地の中の緑の小島」のような状況になっている。このような都市部に残された緑地を「都市内残存緑地」とも呼ぶ。緑地の内部は鬱蒼とした藪となっていたり、ごみの不法投棄が見られる場所も多い。

　本章では、そのような都市内残存緑地をフィールドとした市民による里山保全活動について、筆者が代表を務める「こうのす里山くらぶ」を事例に紹介する。

2.「こうのす里山くらぶ」の活動

　こうのす里山くらぶが活動するのは、福岡市中央区と南区の境にある「鴻巣山特別緑地保全地区」である。スダジイやシロダモ、コナラなどが目立つ樹林で、特に株立ち状のマテバシイ群落は郷土景観を代表する植物群落として環境省の特定植物群落に選定されている。

　鴻巣山の面積は約16.7ha。福岡市の中央部に位置するまとまった緑地として特別緑地保全地区に指定されているが、常緑広葉樹が増えすぎたり竹がはびこったりして暗い森になりつつある。恒久的に保全するため福岡市が段階的に買い上げ、現在ではほぼ全域が市有地となっている。

☐：水域　■：森林　▨：田畑　▨：市街地

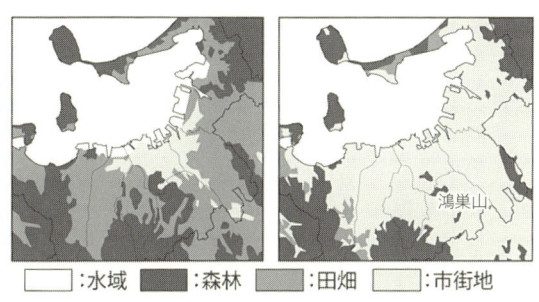

図12-1　福岡市周辺の土地利用の変化（1936 → 1992）

図12-2　枝ぶりを見定めながら作業の進め方を考える

　こうのす里山くらぶは平成14年（2002）4月の設立で、会員は約40人・世帯。平成11、12年度（1999、2000）にかけて福岡市などが主催した里山保全の計画づくりと作業体験のワークショップ（計画づくり4回、作業体験9回）の参加者・関係者によって活動が始まったのがきっかけだ。会員の構成は、周辺校区の住民：その他の福岡市民：福岡市以外の住民で、概ね3分の1ずつとなる。月に1度の森の保全作業を中心に、近隣の児童生徒への環境学習やマテバシイのどんぐりの活用（粉づくりと料理）といった活動に取り組む任意のボランティア団体である。

　作業の主な目的は、旺盛な常緑広葉樹に被圧されて衰退し、失われつつある落葉広葉樹の保全としている。春の開花や秋の紅葉・黄葉が楽しめるヤマザクラやハリギリ、ハゼノキ、クヌギやクリなどが主な保全対象で、それらの周辺にある

第12章　都市部の里山保全活動

図12-3 マテバシイ株立ち林での作業の様子

　スダジイやマテバシイ、シロダモ、クロキといった常緑広葉樹を間伐することで、保全対象となる木への日当たりを改善している。間伐する常緑樹は樹高15〜18 m、樹齢55〜65年生程度で、密生していることもあり、安易に伐木するとすぐに掛かり木となってしまう。枝ぶりや木の高さなどをよく見定めながら、慎重に作業を進めていく必要がある。

　どの木から伐るか、ロープや受け口の方向をどうするかなど、メンバー同士で互いにワーワー言い合いながら作業は進んでいく。作業がうまくいった場合、伐採した常緑樹はメリメリッときしみながら、地面をゆらして倒れ込む。その瞬間、林冠に空いた隙間から日光が差し込み、林床や保全対象の落葉樹を照らす。作業のやりがいや手ごたえを感じる瞬間だ。

　逆に、思った方向に伐採できず、近くの立木に寄り掛かるように伐倒してしまった場合、「あぁ、やってしまった」と後悔することになる。チルホール（手動のウィンチ）などを使って、掛かり木をはずすのだが、不安定な状態の樹木は大変危険だ。事故も起こりやすい状況なので、他の活動は中断して、慎重に作業を行う必要がある。体力的にもきついだけでなく、予定していた活動も滞ってしまうことになる。

　伐倒した常緑樹をそのままにしておくと、林内の景観が荒れた印象になってしまう。丸太部分は、移動させられるように3〜4 m程度の長さに切りそろえ、斜

面に対して平行に設置する。時には森のベンチのように据え付けられる。

　残りの枝葉の部分は「堆肥ヤード」に投入する。堆肥ヤードとは、伐採した常緑樹の枝葉で腐葉土を作るという意味で付けられた名称だが、水分調整や切り返しは行っていない。むしろ、甲虫類のすみかづくりとして「ビートルベッド」と呼んだほうが実態を表しているかもしれない。個人的に、枝葉を散らかさずにまとめておくことで手入れの行き届いた安心できる林内景観を生み出すことが一番のねらいだと考えている。

　また、枝葉を堆肥ヤードに投入する際、以前は、大きな枝をそのまま投入していたのだが、ここ数年は、手のひら程度の大きさを目安に剪定ばさみで細かく切り刻むようにしている。かさばる大きな枝があると堆肥ヤードの中に空気を含んでしまって乾燥し、ほとんど腐熟が進まない。その結果、1カ所の堆肥ヤードが数回の作業で満杯になってしまう。逆に、枝葉を細かく切り刻んでおけば内部が適度な水分条件に保たれ、腐熟が進む。1回の作業で満杯になったように見える堆肥ヤードも、次の月にはかさが減っており、数年間続けて枝葉を投入できるようになる。

　この人力シュレッダーのような作業は、手間はかかるが世間話をしながらやるのにちょうどよい。大きな木を伐るのは自信がないけれど、体力の要らない作業をメンバーと井戸端会議しながらやりたいという人にはぴったりだ。メンバーそれぞれの体力や技術に応じた作業があることは、ボランティア活動には大切な視点だと言える。

　丸太や枝などは、遊歩道沿いの土留めとしても利用する。鴻巣山特別緑地保全地区には市民が散策できるよう遊歩道が設置されているが、遊歩道脇の土が雨で崩れたり、落ち葉が流れ落ちてきたりしている。当初、これを防ぐ目的で直径数cm程度の枝で柵を編んで土留めとしていた。遊歩道沿いに延びる自然の樹木でできた柵は見た目も良かったが耐久性の点で問題があった。2、3年でボロボロに崩れてしまうのである。そこで、間伐したマテバシイやスダジイの丸太を杭で固定する方式をとるようになった。丸太の使い方としては贅沢かもしれない。広葉樹の丸太は薪にしたり、乾燥させて板材にしたりできるが、手作業中心の活動では搬出や加工が大変なため「現場で発生した間伐材を現場の環境保全工に使う」という方針に落ち着いている。

図 12-4　遊歩道沿いに設置された丸太の土留め

　他にも森の手入れの作業としては、遊歩道沿いの風倒木や枯れ木の撤去も行っている。ただし、鴻巣山特別緑地保全地区全体の風倒木や枯れ木の伐採・撤去等は市の管理作業として契約業者が実施しているので、こうのす里山くらぶでは、落葉樹保全の活動の一環として部分的に実施する程度である。

　また、秋のお楽しみとして 10 月中旬のどんぐり粉づくりがある。マテバシイのどんぐりは渋みが少なく、生のままでも食べられる。拾ってきた数 kg のどんぐりを新聞紙などに広げ、剪定ばさみで縦四つに割っていく。竹串で中身を取り出し、なるべく早めにフードプロセッサーで粉に挽く。そうしてできたどんぐり粉を、新聞紙を敷いたバットに広げて天日で乾燥させ、容器に保管する。どんぐりを割る剪定ばさみの種類や粉を挽くタイミング、できたどんぐり粉の活用方法など、こうのす里山くらぶの「食」担当メンバーが数年間、試行錯誤して得たノウハウだ。どんぐり粉は保管がきき、年間を通じて皆で楽しんでいる。団子粉と半々の割合で混ぜ合わせたお団子で食べることが多く、寒い冬の活動では、ショウガの効いた出汁に豚肉、白菜、どんぐり団子の組み合わせの鍋がとてもおいしい。また、どんぐり団子入りぜんざいも人気だ。

　このように、こうのす里山くらぶでは、ゆったりしたペースで、都市内残存緑地での活動を楽しんでいる。確かに、鴻巣山特別緑地保全地区の面積 16.7ha に対し、こうのす里山くらぶが設立以来の 9 年間で、何らかの保全作業を実施できた面積は 2ha に満たない。どれだけ森の手入れができたかという点では、まだ

図 12-5 マテバシイのどんぐり粉をつくろう

図 12-6 作業地（通称：はじまりの森）にて

まだという状態だ。しかし、市民が身近な緑地に入り、手入れして、遊ぶことで現代にあった「里山と人の付き合い方」が生まれつつあるとも考えている。主に燃料や肥料の供給源として利用されていたかつての里山は、市街化する中で忘れられ孤立していったが、これからはレクリエーションや教育、健康づくりといった意味で、さらに多くの都市住民の暮らしの場となっていってほしいと考える。

3. 都市内残存緑地での里山保全活動

里山保全活動は、奥山、山村の棚田、近郊農村の雑木林、荒廃した竹林など、

その活動フィールドが異なると、活動内容や団体運営も異なってくる。以下に、都市内残存緑地における里山保全活動の特徴や注意しておきたい点をまとめた。

(1) 近隣住民の意識を知ることが大切

　マンション・住宅や道路と面しているため、落ち葉や生長した枝が邪魔になるといった苦情が地権者や管理者に寄せられることも多い。具体的な苦情内容には、落ち葉が樋に詰まる、枯れ木や倒木の心配がある、樹木が生長しすぎて視界が遮られる、見通しが効かず物騒である、藪蚊の発生源になっている、といったものがある。さらに不法投棄や火遊びなどが問題となることもあり、近隣住民に一種の「迷惑施設」とまで考えられている場合もある。森が先でその周りが宅地になっていった市街化の経緯や、かつては近隣住民の暮らしや子供の遊びに欠かせない場所だった点を思えば、悲しい現状ではある。もちろん、緑の景観で心が安まる、身近な散歩コースでうれしいなどの声もあり、近隣住民の意識も様々である点を認識しておく必要がある。

　里山保全活動に取り組む市民グループが立ち上がった場合、その会員・メンバーはむしろその緑地から離れた場所に住む住民で、近隣住民の参加は少ないといった、参加者の「逆転現象」が見られることもある。せっかく森のための活動を行っているのに、近隣住民から誤解されたり苦情を言われたりすることがないよう、情報発信や会員募集など、オープンな活動運営を心がけたい。

(2) 通行人やギャラリーへの目配り

　都市内残存緑地の周辺道路や林内の遊歩道を、会員・メンバー以外の一般市民が通行することがある。ウォーキングや犬の散歩、遊びに来た子供達などである。

　これは、里山保全活動が一般の目にとまり、存在をアピールする機会があるということで都市部の活動の素晴らしい点だ。より多くの人に身近な里山保全活動を知ってもらうことは、新たな参加者や理解者を増やすことにつながる。そのためには作業中に近くを通る人に「こんにちは、お騒がせしています」といった挨拶や、足を止めた人への「ヤマザクラの保全のため間伐をしています。伐った木は切り株からまた生えてきますよ」といった作業説明ができると良い。

図12-7 活動内容をお知らせする手作りの看板

　反対に、注意すべきなのは、樹木の伐採が危険であることに十分な理解がない通行人が、作業地に接近する恐れがある点だ。不用意な行動を招かないように目を配る必要がある。作業中であること、作業範囲に入らないことなどを示した看板やのぼり、ロープなどを用意しておきたい。
　また、森の手入れや間伐の意図について知らない人に誤解を与えてしまう場合があることにも注意したい。自然保護のためには樹木は一切伐ってはいけないと考えている人もおり、作業そのものに対して苦情や注意を受けることがある。そのような場合、作業の意図や今後の計画、地権者への了解を得ていることなどを説明し、理解してもらうよう努める。ただ、念頭に置きたいのは、実際に苦情や注意を言ってくれるのは一部の人ということだ。実際は、誤解したり反対と感じたりしていても黙って立ち去る人のほうが多い。苦情や注意に対して説明を行うことは、里山保全活動の意義を広める、言わば最前線の活動だという意識でいたい。作業の様子を目にする一般市民が里山保全活動について理解し、応援してくれるように声がけをしていくことが大切である。

(3) 地権者・管理者との関係

　都市内残存緑地の多くは民有地であり、管理の方針は地権者それぞれによる。加えて、都市緑地法の「特別緑地保全地区」や「市民緑地」といった指定を受けている場合は、法や自治体の公園関連の条例の制約を受ける。間伐などの保全作

業を行う際も、地権者・管理者に確認の上、必要な手続きを取っておく必要がある。

　また、間伐材や木の実、キノコ、腐葉土など、森の産物の扱いも確認しておきたい。近年では、広葉樹の間伐材を薪ストーブの燃料やパン・ピザ焼き等に利用する例も増えてきた。市有地などの場合、森の産物をおおっぴらに持ち出せないといった考え方もあるが、営利目的でない範囲なら保全活動の継続や展開のために、森の産物を活用・販売していく方法を積極的に考えていきたい。

(4) 密生する広葉樹の高木

　都市内残存緑地の多くは数十年の間、管理放棄された二次林である。植生的な特徴として、常緑・落葉広葉樹の高木が混交して密生している点が挙げられる。福岡市内の都市内残存緑地では、スダジイ、マテバシイ、アラカシ、シロダモ、ヤブニッケイ、クスノキなどの常緑広葉樹が主で、コナラ、ハゼノキ、ヤマザクラなどの落葉広葉樹がちらほら見られるという状況である。また、高木層が密生し、林冠が閉鎖されたことで林内は暗い。そのため、林床の草花はそれほど多くなく、日陰に耐えるテイカカズラなどが所々に群落をつくり、裸地化した場所も散見されるといった状況である。これは、もともと宅地化しにくいような尾根部の斜面地が緑地として残りやすいという歴史的・地形的な要因も関係している。

　広葉樹が密生するフィールドで里山保全活動を始めた場合、初期の段階ではヒサカキやイヌビワなどの中低木類の除伐を行い、林内の見通しをよくする作業がやりやすく達成感もある。しかし、「林床植生を豊かにする」や「枯死しつつある落葉樹を守る」といった活動を目指す場合は、高木の間伐が必要となってくる。密生した広葉樹林の間伐は前述のように掛かり木を起こす可能性が高く、特に安全管理への意識が求められる。受け口・追い口による伐倒方向のコントロール、ロープ誘引とクサビを使った安全な伐倒などの伐採技術を身につけることも大切であるが、そもそも自分たちの技量にあった作業を心がけ、無理な伐木には手を出さないのが基本だと言える。

　都市内残存緑地は、身近にある里山保全のフィールドではあるが、長年の管理放棄の結果、市民ボランティアにとっては比較的高度な技術が求められる課題を持つと言える。

(5) 団体間の交流・連携

　地理的に近い団体・グループがあれば交流や連携を行いやすい。人や技術の交流が各団体の会員数増加や活動内容の広がりにつながることも多い。下表に福岡市周辺で活動する主な里山保全関連の団体をまとめた。これらの団体間では、過去に参加募集の共同キャンペーンや団体間の参加交流、ゲスト講師としての招聘などの交流・連携が行われている。また、複数の団体で会員になっている人もおり、情報交換やノウハウ共有の意味でも活躍している。

　また、森づくり・里山保全関連の団体有志や関心ある個人の集まりである「ふくおか森づくりネットワーク」も森林・林業をテーマにした講座やイベントを多数企画している。保全作業を行う団体ではないが、社会的な「森林リテラシー」の向上を目指して、森林・林業・森林ボランティアと一般市民とをつなげる取り組みを行っている。

　このように、複数の団体・グループ同士が交流・連携しやすく、それによる人

表 12-1　福岡市周辺の主な里山保全団体

団体名称	サイト URL
山村塾	http://www.h3.dion.ne.jp/~sannsonn/
油山自然観察の森　森を育てる会	http://www.morikai.org/morikai.htm
（財）おおのじょう緑のトラスト協会	http://www.green-onojo.jp
環境共育を考える会	http://homepage3.nifty.com/kan-iku/
飯森山を愛する会	http://www.city.fukuoka.lg.jp/data/open/cnt/3/1145/1/JIREI02.pdf
福岡グリーンヘルパーの会	http://fgh-hp.hp.infoseek.co.jp/
こうのす里山くらぶ	http://www.kounosusatoyama.org/
特定非営利活動法人環境創造舎	http://www.denjisou.jp/
ふくおか森づくりネットワーク	http://fukumori.dreamlog.jp/

材育成や社会への発信などの事業に取り組みやすいのも、都市部の里山保全活動の特徴と言える。

4. 里山保全活動を通じた人材育成

最後に、里山保全活動を通じた人材育成についてまとめておきたい。都市部のものに限らず里山保全活動では、様々な経験や考え方を持ったメンバーがコミュ

表 12-2　里山活動リーダー自己チェックリスト

P：作業や仕事，どれだけ成果を上げたか？
　1 安全に伐採できる木を選べるか？
　2 伐採方針をメンバー全員に周知できるか？
　3 笛や大声で適切な時に注意喚起できるか？
　4 受口，追口で思った方向に伐倒できるか？
　5 万が一の心肺蘇生やハチ対応ができるか？

M：人間関係や雰囲気づくり，よいチームか？
　1 その日のメンバー全員の名前を呼べるか？
　2 初心者に声をかけて一緒に作業できるか？
　3 疲れている人がいないか目を配れるか？
　4 作業成果を皆でふりかえり確認できるか？
　5 通行人への挨拶と作業の説明ができるか？

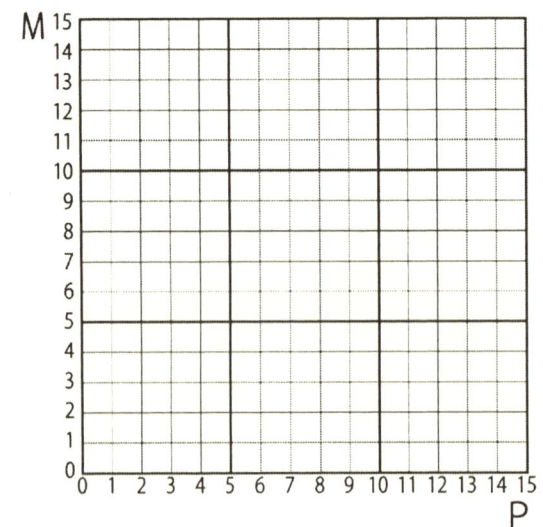

ニケーションをとりながら作業を行う。活動をスムーズに進めていくためには、作業成果と人間関係の両面でのバランス感覚が大切になってくる。

　表12-2は、こうのす里山くらぶの経験を通じて作成した「里山保全活動リーダー自己チェックリスト」である。活動を運営するリーダーに求められる技量をＰ（Performance：作業や仕事）とＭ（Maintenance：人間関係や雰囲気づくり）の２つに分けて、各５つの設問にしている。

　それぞれの設問に対して、全くできないは０点、あまりできないは１点、まあまあできるが２点、完璧にできるは３点を付けていき、Ｐの合計、Ｍの合計を出す（各15点満点）。これをＰ×Ｍの二軸のグラフにプロットする。ミーティングなどで、黒板にグラフを書いてメンバーそれぞれの位置を書きながら話してみると楽しい。

　自己評価による採点だが、みんなそろった席では自分に甘く付けすぎることもない。お互いにワイワイとやりとりしながらグループの中のリーダーシップについて考える時間を持ってみたい。必ずしもＰとＭ両方で高い点数とならなくても、Ｐが高い人とＭが高い人で協力し合う体制をつくるなど、会の中のチームワークについて考えるきっかけにもなる。

　里山保全活動は、このようなリーダーシップやコミュニケーションだけにとどまらず、自然の知識や道具の使い方、伝統文化や暮らしの知恵など、総合的な「学びの場」「人材育成の場」となり得る。それは、以下のような要素があるからと考えている。

　1）リスクの存在：場合によっては命にかかわる怪我につながる活動であることから、常に緊張感をもって活動にあたる点。

　2）多様な参加者：地縁や血縁、仕事等に関係なく多様な世代、考え方の参加者が集うことで、お互いに刺激になる点。

　3）参加者間の平等性：上下関係や意思疎通の慣習に過度に頼らず、双方向のコミュニケーションを図っていく必要がある点。

　4）対象となる自然の変化：季節ごと、年ごとに変化する自然を相手に、常に観察を心がけておく必要がある点。

　5）心身を使った活動：頭だけでも体だけでもなく、その両方を使って自然に働きかけ、その結果や反応をその場で感じ取ることができる点。

市街地に残された里山である都市内残存緑地を荒れたままに放っておくのはもったいない。学校や職場では学べないことが学べる場、他のレジャー施設ではできない楽しみができる場、森の空気を吸いながら健康づくりができる場などとして、今後より多くの市民に積極的に利用されるよう、そしてその結果、美しい現代の里山が生み出されるよう期待したい。　　　　　　【志賀　壮史】

第13章 リーダー・人材養成の必要性と実践

1. 人は石垣、人は城

　原風景と言われる日本の農山村の景観、里地・里山は、長い年月培われてきた人々による「手入れ」により維持されてきたものである。かつての暮らしが現代の暮らしへと移り変わる中で、私達は自然と歴史に学びながら、新しい価値観で実践する時代を迎えたと感じられる。さて、現在、私達の暮らす日本の都市化率は65％である言われている[1]。普段、自然環境や農山村の暮らしに接することの少ない都市の人々に、どのようにこの「手入れ」の技術を伝え、彼らを動機付け、環境保全型の暮らしを実現することができるのだろうか。

　その1つのヒントとして、養老孟司氏は著書[2]の最後をこう結んでいる。「エネルギーはいずれ払底する。それなら将来の文明は、人を訓練するしかない。そのために必要なものは、人に決まっている。『人は石垣、人は城』。『米百俵』も同じことである。それをいったのは外国人ではない。われわれの祖先である」。これは、堅固な城よりも人の力が重要であり、個人の力を読み、優れたチームワークで事を成すことが大切であること。そして、日本人はTVやコンピューターの前で考えるだけでなく、自ら行動する時であること。そのようなメッセージを感じることができる。

　刻々と環境が変化する中で、私達と自然環境の暮らしを持続的に保全するには、各地域における活動が基本となる。各地域においてプロフェッショナルな人材を育成し、一方で「いつでも、だれでも参加できる」一般市民向けの活動を提供していく。筆者はこの考え方を、実践的な環境保全ボランティア活動を実施し、各国に影響を与えたBTCVから学んだ。ここからは、BTCV、山村塾と進めてきた国際里山・田園保全ワーキングホリデー活動の継続からリーダー育成活動に展開した経緯について、特に人材育成の観点から紹介する。

2. 人材育成活動への着想

　本書で紹介されたワーキングホリデーの継続は様々な成果をもたらした。保全作業面では、棚田の石垣修復や山林の管理、遊歩道づくりが実現し、ボランティアと地域の人々との交流も深まった。また、人材育成面では、地元の農林家から技術を、BTCVの国際リーダーの振舞からリーダーシップやボランティアマネジメントを学ぶことができた。

　図13-1は2001年の活動に参加した国際リーダーSarah Worthington氏[3]で、ジェスチャーを交えながら道具の使い方、散策路の作り方を指導している風景である。彼女の振るカケヤは強く、正確であり、リーダーとしてのトレーニングを1年以上受けてから現場を積み重ねていると聞いた。国際リーダーは毎年異なる人が派遣されてきたが、概ね毎年、日本の受け入れ担当者ともめることがあった。それは主に現場のリスクに関することである。彼らは、作業が始まる前日までに現場のリスクアセスメントを行う。想定される危険は何か、被る被害と頻度はどの程度ありそうか。事故が起きないための対策は何が行われているか。そして、事故が生じた場合はどのような対応が取られるかという点をチェックする。彼らは、専用の用紙を持っており、一通り書きこんで用紙の下にサインをする。これは、国際リーダーが同伴してきた英国のボランティアに対する責任であり、もしもの際に保険手続きを進めるために必要とされていた。一方、筆者らが選定した活動場所は、医療機関から距離があったり、携帯電話の電波が届かなかった

図13-1　BTCVの国際リーダーによる道具の説明風景

り、現場においても、もくもくと作業を進める地元農林家の説明責任不足や危ない行為を指摘されたりと、当初は枚挙にいとまがなかった。このことから筆者らは、彼らの活動に対する「責任」と、BTCVの組織的な人材育成による品質システム（Quality system）の存在を知ることになった。

さて、ワーキングホリデーの現場運営は、農林家、日本人のグループリーダー、そして、BTCVの国際リーダーという構成で進められた。英国では、トレーニングを積んだボランティアリーダーが1～2名で運営するが、筆者らにはそのような人材・体制がなかったため、このような形態で運営を行った。ここで、1997～2002年（但し、1998年を除く）の内5年間の活動で、国内外の参加者を対象に、活動後にアンケートを取ったグラフを示す[4]（図13-2）。質問の内容は「保全合宿を通じて体験したり、感じたこと」を複数回答形式で尋ねたものである。結果は、国内参加者も海外参加者も概ね同様の傾向を示し、最も高かった項目は「未知の人々と連帯する喜びを体感できた」ということだった。ここから想定できることは、少人数のチームでコミュニケーションを大切にし、作業を達成させるBTCVならではのスタイルが大きく貢献していると考えられた。この活動は、別のデータでも、年々リピーターが増えていることが明らかになっている[1]。この未知の人々と繋がる喜びが人づてに広がること、それが「いつでもだれでも参加できる」活動を提供することであり、広く世論の形成に貢献できるものと想定される。ここにリーダー育成の重要性と、そして、組織的にリーダーを

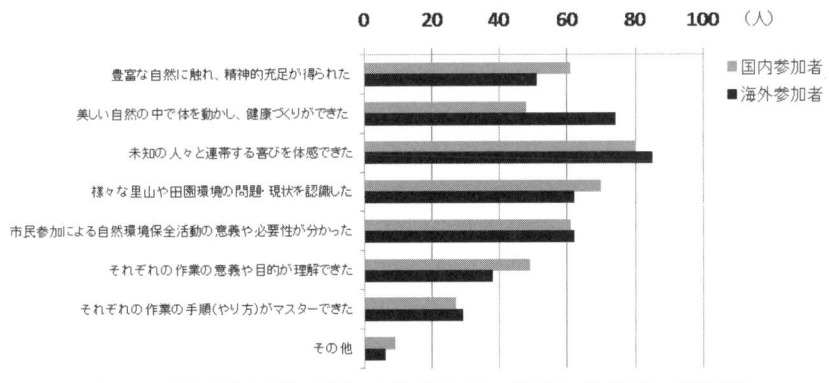

図13-2　保全合宿を通じて体験したり感じたこと（1997～2002年、複数回答）

育成し、リーダーの活動をサポートする強い組織の必要性を認識することになった。

　2005年夏、愛知で行われた万博会場では、愛知の森林ボランティアの国際ワーキングホリデーとして散策路づくりなどが実施され、国際村やシンポジウムでBTCVと国内ボランティアの交流が行われた。その中に、BTCV評議会議長のRoger de Freitas氏が来られ、数日だったが、筆者が付添いをする時間があった。ある時、筆者から「なぜ、日本ではボランティア活動が英国のように展開しないのでしょうか？」と質問をしたことがあった。その際、彼は「日本の里山ボランティアは、どちらかという同好会的に感じられた。一般のボランティア層を広げるには、プロ意識が必要だよ」「資金が必要であれば、なぜ行政や企業に営業に行かないのか。関心のない人を引き付けるには、優れた人材と活動が必要だよ」というような話をされた（図13-3）。

3. BTCVの人材育成システム

　さて、当のBTCVはどのように人材を育成しているのだろうか。筆者は大変興味を持ち、2004年度に1年間、英国に滞在する機会を得た。この期間に、BTCVのリーダートレーニングの責任者であるTony Newby氏に時間をいただき、この頃の、リーダー育成のポイントをうかがった。

図13-3　愛知万博国際村で
（左端：BTCV評議会議長のRoger氏、右から2人目：国際リーダーのSarahさん、右端：重松敏則教授）

BTCVのリーダーは、基本的にボランティアリーダーである。彼らは普段、大学院生であったり、自分の仕事、会社の仕事を行っている社会人なのだ。休日や休暇を取ってBTCVのプロジェクトリーダーとして活動をしている。リーダーの種類は、下記の3つに分かれている。
・日帰りリーダー（Day leader）
・合宿リーダー（Residential leader）
・国際リーダー（International leader）
　スキルや知識は順に加えられていく。しかしながら、リーダーの格付けとして日帰りが下、国際が上というようなことはない。土日や平日しか休暇の取れないリーダーは日帰りリーダーとして活動をするし、1週間以上の休暇がとれるリーダーは合宿リーダー、国際リーダーとしてかかわることになる。英国のお国柄として、子育てや地域参画、観光振興の面から1週間以上の休暇は頻繁にある。日本において休暇が少ないことは、環境保全活動を阻害する大きな要因の1つであることは明らかである。
　リーダーのリクルーティングは、保全活動の参加者の中から、「この人」という人をトレーニングに誘うそうである。一般の人々をBTCVのリーダーにいざなう仕組みとして、外向きに行う講座への参加費の割引制度もある。BTCVのボランティアはトレーニング費用、講座は無料である。連携団体の関係者は半額というような具合だ。したがって、知識を修得し、実践的なスキルや経験を積みたい人々の中から、リーダーとして活動する人材がでてくることになる。
　登録されたリーダーにはBTCVスタッフがリーダー責任者（leader's manager）としてつく。いつでも疑問点を尋ね、頼るべき人であり、トレーニングやサポートを行う人物でもある。リーダー責任者は導入研修の調整を行い、リーダーシップ総括表[5]に従いリーダー自身が今後のトレーニングに向けた計画（development plan）を立てることができるようサポートされる。これにより、リーダーはBTCVの求める一定水準の業務が行えるようになる。一定期間内に地元ないし国内のトレーニングに参加し、早い段階で見習いリーダーとしてプロジェクトに参加し、先輩リーダー達に学びながら自身の経験を積んでいく（図13-4）。
　その後、プロジェクトリーダーとしての任務につくが、参加ボランティアから

のフィードバック（感想や意見）をもらうことになる。リーダー責任者は彼のもらった感想や意見を1つひとつチェックし、検討すべき課題や、場合によっては必要なトレーニングのアドバイスを行う。これらのプロセスは、BTCV本部のデータベースにナショナル・リーダー登録（The National Leaders Register）として公式記録され、他地域でのリーダーとしての参加への道を開くことになる。

　BTCVでは、このようにリーダーの育成が行われており、プロジェクトリーダーに求められていることは、主に下記の4つとされている。

・養成計画に沿ってトレーニングを受けること。継続的なレベルアップ、自身のパフォーマンスの見直しが行えなければ、リーダーとしての資質が問われることになる。

・BTCVの手続き・ガイドの範囲内でプロジェクトを指導すること。トレーニング費用はBTCVが負担する。組織のためにプロジェクトを主導することが求められる。

・評価を受け、自身のパフォーマンスについての感想や反応に耳を傾け、話し合うこと。参加者や周囲からの感想や意見をしっかり受け止め、自身の問題について責任者と話し合うことが求められる。

・BTCVへのフィードバックを行うこと。実際の作業やプロジェクトがどのように進められたかについて、報告する義務が求められる。

図13-4　BTCV合宿リーダートレーニング
Sep. 2004, North York Moor, U. K.

参考文献に挙げたプロジェクト・リーダーズ・ガイドは、1971年版から多くのBTCV関係者により改定・改良を経て発行され、2005年版の取りまとめは、ボランティア支援責任者であるTony Newbyなどで更新されている。このような優れたガイドブックやシステムを有しながら、度々、彼らが口にする言葉がある。それは、「これらのガイドブックや理論が大切なのではありません。現場で適切な保全活動ができるかどうかが大切なのです。プロジェクトリーダーがBTCVの看板ですから」。

　時に私達は、環境・環境、エコ・エコと言い、あるモノ・コトに目を奪われがちである。しかしながら、かかわる人々は、楽しく、豊かな暮らしを営んでいるだろうか。友達は増えているだろうか。地域に広がっているだろうか。一般の人々を環境保全に巻き込むために、プロフェッショナルなサービスを提供する。人を中心としたこれらのボランティア・システムは、時代に求められている要請であり、現在、各国に展開しつつある。

4. 福岡における人材育成の取り組み

　福岡では行政や市民団体の主催する人材育成の取り組みが多くなされている。従来の講座の多くは、複数の講師が講座や実習を行い、講座が終了すると、「皆さんそれぞれ現場で頑張ってください」ということで、その後のフォローがないことが多かったように思う。筆者も、この種の講師を引き受けるが、受講生から「今、一番必要とされている活動場所はどこでしょうか？」と聞かれることがある。近年は、受講生を中心にグループを作り、継続的に活動を進めることも増えてきたように思う。人材を育成するには時間とコストが必要であり、継続的なフォローや、「お互いの学び」が必要である。また、若者の参加を増やすためには、段階的にステップアップできる、そのような枠組みを各地域で作ることが必要だと思われる。

　筆者らは2006年9月21日〜24日の4日間、福岡県八女郡黒木町において、「国際里山・田園保全ワーキングホリデーin福岡」の10周年を記念し、先に紹介したBTCVのボランティア・サポート・マネージャーであるTony Newby氏と国際リーダーのTanya Fletcher氏を招き「環境保全活動リーダー養成講座」を実施した。今後、日本でもBTCVのような組織的な環境保全活動の展開を進

図 13-5　道具の説明の仕方

図 13-6　ボランティア実習：八女郡黒木町

めたいという筆者らの意向を受けて、日本向けのトレーニングパッケージを提供してもらった。内容を表 13-1 に示す[6]。この内容は、日帰りリーダー、合宿リーダーを対象としたプログラムに、リスクアセスメントを加えたものだった。プログラムは講義だけではなく、グループワークやチームゲーム等、様々なアクティビティが組み合わされ、ともに学びを深め、身体を動かしながら理論やリーダーの行うべき振舞い方などを考え、身につけるプログラムと感じられた（図 13-5）。

　これらの経験を踏まえ、筆者らは里山・里地保全活動団体や、コンポスト団体での人材育成活動に部分的なプログラムの提供を行ってきた。平成 20、21 年（2008、2009）は、里山・田園保全リーダー講座として福岡県の支援を受けて次の 3 つの課題をテーマに入門講座、専門講座、実習、そしてリーダーミーティ

表13-1 環境保全リーダー養成講座実施プログラム／BTCV標準リーダー養成プログラム（2006年9月21〜24日、福岡県）

(BTCV標準リーダー養成プログラムとは、day Leader、Residential Leader、Risk Assessmentを区も組み合わせたプログラムことを言う）

	Program	プログラム	学習効果 (Learning Outcomes)
1st 午前	Orientation	オリエンテーション	本講座実施の経緯とミッションについて
	Ice breaker exercise	アイスブレイク	講座への導入
	Introduction to course and	コースとBTCVの紹介	コースとBTCVの全体構造を理解する。
	Group responsibility	グループの責任	講座期間中、どのようにグループ活動を進めるか明快にする。
1st 午後	What is a leader	リーダーとは何か	状況に応じた効果的なリーダーのスタイルを理解する。
	Menu Planning	メニュー計画	グループのメニュー準備で考えるべきことを理解する。
	Project hygiene	活動内の衛生面	
	Team challenge	チーム　ゲーム	チームで考え、行動する。
	Motivation	動機付け	モチベーション理論の要素について理解にする。
	Course Review	内容の振り返り	全員が発言する時間を作り、本日の感想を共有する。
2nd 午前	Feedback	フィードバック	建設的なフィードバックの方法を理解する。
	Group Feedback	グループフィードバック	グループでのフィードバックを実践する。
	Skills to help others learn	学習支援の技能	様々な学習スタイルと助言の与え方、学習上の障害を理解する。
	Team Exercises	チームエクササイズ	BTCV/JCVNがプロジェクトリーダーに何を期待しているのか理解する。
	Responsibilities of a leader	リーダーの責任	
2nd 午後	Group dynamics	グループのダイナミクス	グループ活動の5つの段階について、リーダーの影響を理解する
	Team Exercises	チーム　ゲーム	作業を成し遂げるためのグループワークを実践する。
	Leisure and Recreation	レジャーとレクリエーション	レクリエーションのプログラムと教育活動を進め、グループ支援の方法理解する。
3rd 午前	Group Feedback	グループフィードバック	グループ内でのフィードバックを実践する。
	Risk Assessment process (RA)	リスクアセスメントのプロセス	作業活動でのリスクアセスメントについて理解する。
	Write a Safety plan (RA)	安全計画の記述	リスクアセスメントの結果を考慮した健康と安全計画を作成する。
	implement, monitor and amend if necessary, a safe system of work	安全な作業整理における、実行・モニター・修正	安全な作業整理における、実行・モニター・修正について理解し、実に
3rd 午後	Team Exercises	チームゲーム	作業を成し遂げるためのグループワークを実践する。
	Project planning and organisation	プロジェクトの計画と編成	作業を達成し、ボランティアの満足度を得るための準備の大切さを理し、グループで実践する。
	Group responsibility Feed back	グループフィードバック	グループ内でのフィードバックを実践する。
4th 午前	Assertiveness	コミュニケーション	コミュニケーションの基本を理解し実践する。
	Safety talks (presentation/communication)	安全の会話（プレゼンテーション/コミュニケーション）	手道具に関する一連の運搬、収納、使用、メンテについて、安全のポをリスト化し、ボランティアグループに対し、明快な安全に関する介添を実践する。
	Deal with an emergency	緊急時の対応	緊急伝達情報について、集め、保護し、使用する方法を理解し実践す
4th 午後	Resolving problems	問題の解決法	BTCVがプロジェクトリーダーに期待している事、禁止されている振るい、解決方法について理解する。
	Team Exercises	チーム　ゲーム	レクリエーションを実践する。
	Open Question	オープンクエッション	何でも聞ける時間。

グを実施した。

・仲間をまとめる力

・課題を解決する力

・安全を確保する力

　この講座には、様々な団体や個人の方々が参加しており、広く人材の育成が行なわれている（図13-6）。しかしながら、今後はリーダー個人のネットワークを強化し、お互いに学び合い、現場を通じた人材育成の場の確保も課題になる。将来的に日本の組織形成につなげ、より良いリーダーと活動フィールドを広げることが、津津浦浦に保全活動の輪を展開することに寄与すると考えられる。

【朝廣　和夫】

第3部
市民参加による
循環型まちづくり・川と里海の再生

屋上緑化の普及と庭や公園緑地、川との連携による都市におけるビオトープ・ネットワークの可能性
市民参加と企業・行政との協力による自家製堆肥の活用が期待される
（福岡市・アクロス福岡）

広場の巨樹の緑陰での高齢者と少年達の交流
（土壌改良を十分にすれば都市にも巨木は育つ）
（インドネシア ジョクジャカルタ近郊の村）

都市に残る貴重な里海の干潟（奈多の浜・奥は和白干潟）
（福岡市）

第14章　生ごみの自家堆肥化による波及効果と活用の展開

1. コンポストがある暮らし

　日本社会の長い歴史は農耕とともにあり、家畜糞尿・わら・雑草・落ち葉・人糞さえも堆肥の原料となって農地を豊かにし、再び作物を育てるという循環が当たり前に行われてきた。しかし、下水道が整備されるとともに、収穫量の増加や農作業の効率化のために化学肥料が大量に投入されるようになり、さらに輸入農作物が増える中で、かつてのような有機的な物質循環が成り立たなくなってきた。しかしながら、地球温暖化問題に直面する今日、食糧やエネルギーの安全保障の観点からも、再び持続可能な社会への移行を余儀なくされていると言える。

　筆者が所属する「NPO法人 循環生活研究所」（以後、循生研という）では、土から収穫物として持ち出された栄養の補給として、生ごみや雑草、海藻など家庭や地域から出る有機物を堆肥化し、土に戻す方法の実践普及・研究を行っている。

　ここ数年、開催する講座を通して出逢う人々は、金銭面では得られない贅沢、自分らしさのライフバランスを保ちながら、環境に配慮した行動やモノの購入により充実感を感じつつ暮らしたいと考える傾向が強まってきたように思う。また、今の暮らしや環境を守りたいと願うだけでなく、子孫の生活を保障するためにも資源・食糧を含めた環境にかける負荷はできるだけ減らしていきたいと考えることが自然になってきているようである。

　現在までのライフスタイルの実態を知る手がかりとして食品ロスや食糧の統計などの数値は、リサイクルを考える前に発生の抑制を考えることが大切であることを教えてくれる。このように漠然とした概念をできるだけ具体的に動機付けと、初心者でもすぐに取り組める堆肥化（コンポスト）、ならびに、できた堆肥の活用講座（生ごみ堆肥を使った菜園講座やガーデニング講座）など年間を通し

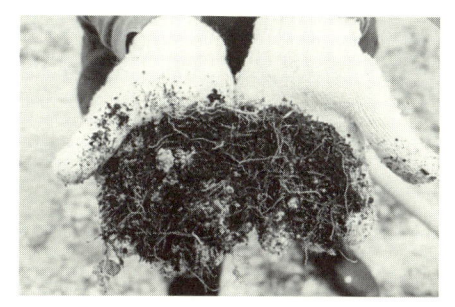

図 14-1　やわらかく豊かな土づくり

図 14-2　対象者に応じた堆肥講座を地域で

て開催している。

(1) 循生研の活動概念

「暮らしに必要なものを地域内で循環させることで得られる、楽しくて、安全で、創造的な生活」を「循環生活」と名付け、調査・研究・提案している。私達は、近所で顔が見え、ゆっくりと、楽しく、安全で、趣味的で、広がりのある、実践に基づいた、シンプルで何となくかっこいい循環生活をはじめ、地域、企業、行政、大学などと広く連携しながら、いくつもの輪をつくっていくことを目指している。

現在、自然循環に組み込まれないものが、大きな社会問題になっている。そこで、自然循環に組み込まれるものは循環させましょうというシンプルな考えを伝えている。

生物社会のサイクルはゆっくり流れ、100年で1cmくらいしか土ができない。人間社会では畑を使って作物を育て、大量に消費・流通させ、毎日生ごみとして大量に廃棄している。ゆっくりとした自然界と比べせっかちな人間社会では、私達人間の知恵と力を活用して、活発に微生物を働かせて分解を進め、効率的に堆肥化させることをコンポストの役割であると考えている。

　この速度が違う両社会が共生していくために、自然と人間も含めた社会を環境と位置づけ、暮らしの中でできるだけ石油に頼らずに循環させるための具体的な方策としてのコンポスト（自家製堆肥づくり）を推奨している。

　生活ごみの30〜40%を占める生ごみを廃棄せずに、自宅や地域に循環させる「小さな循環」の環を広げていくことを主旨に活動を行っている。

2. 都市型コンポストの誕生

　落ち葉や雑草と違い生ごみは、栄養や水分が多く、ともすれば堆肥化する方法を間違えると失敗する。当団体では理事長が昭和30年（1955）代から取り組んだ堆肥づくりの失敗と工夫の繰り返しから生まれたノウハウを、シンプルに実用化し、一般的に分かりやすい手法としての教材プログラムを開発している。特に専門的に学んだわけではない家庭の主婦として、美しい花や樹木、健康な野菜を育てたいと、生ごみや雑草、落ち葉や剪定葉などをせっせと土に戻してきた。農家に育ち、子供のころから養った目や感覚が、ふわっとした土づくりの基本となり、ひたすら「いい土がほしい」という主婦の実践からスタートしている。

　循生研は当初福岡市を中心に「やかまし村青年団」として地域活動やまちと村の交流などを行っていた。青年団として地域を這いまわって市民交流していた活動とコンポストの普及活動とを平成15年（2003）に一本化し、翌年NPO法人の資格を取得した。平成13年（2001）からスタートしたダンボールコンポストは、臭いが少なく、各家庭のベランダで手軽に取り組める手法として徐々に人気が出た。長年の経験を活かし、容易で簡単にできる方法を開発し進化を続けた。30人のモニターから始まり、現在では年間75,000人（2010年調べ）に普及できるまでになった。

　多い年では年間に400回にものぼる講座で、次から次に手が上がる参加者からの質問には長年培われた経験により対応している。また、こうした活動を通して

図14-3 実践工学から生まれた講座

図14-4 子供も楽しくできるダンボールコンポスト

何万人もの方々からの経験談や質問に触れることがさらに私達の資産となり新しいノウハウが生まれている。

　一般的には自家でのコンポストをやめる理由としては「臭い」「虫の発生」が多く、堆肥化は苦行として義務的に一部の好きな人が取り組むというイメージを払拭できずにいた。しかし、臭いはダンボールコンポストで解決された。虫問題については、当NPOの得意分野であり、笑いネタになるまでに楽しく取り組めるよう初心者講座では最も力を入れている。虫の苦労話があるからこそ説得力がある講座ができていくのである。導入講座に続き、継続のカギとなる堆肥化に対する「不安解消」「課題解決」は、導入講座の1カ月後にアフター講座を開講し、受講生はこの間の成果、つまり自分の堆肥を手に再び集い合う仕組みによって支えている。堆肥の診断も兼ねたこのフォロー講座が堆肥化を始めた人同士のコミュニケーションをさらに強め、やりがいをもってさらに活動を磨いていく。

　こうして2003年に分かち合いを育むプログラムとして「堆肥品評会（アフター講座）」が誕生し定着していった。またキットをそろえるための工程は、環境コミュニティビジネスとして地域の人材と資源を使い、継続のための条件を満たしていった。このように都市部でも継続可能なダンボールコンポストの仕組みが誕生した。

図14-5　2回目の講座では参加型形式で行う

3. コンポストからみた学校教育

　平成12年（2000）より学校教育を中心とした社会教育としてコンポスト体験学習を子供達に提供している。

　ここ数年、国際比較による学力の低下を引き金に、能力主義教育へ力が注がれることになり、子供の生活力を基盤とした学習意欲の広がりをつくる教育が少なくなった。子供達がヒトとして生まれ、社会の中で人間としてたくましく生きていくための教育は、生活と地域を切り離して考えることはできない。学校と教育の関係性を捉えるためには、子供の生活をとりまく環境を重視した教育でなければならない。そのためにも、子供の発達に応じた環境教育プログラムが求められている。子供の多様な発想や創造性、生活体験の応用をしていく力で、生活と学習のかかわりが子供の生活力の向上へとつながっていく。コンポスト学習から作物の育成、収穫、食につながる一連の活動が、様々な分野へのアプローチに効果を発揮している。

4. 堆肥でつながるコミュニティ

　ダンボールコンポストの登場により、参加者の堆肥化継続の要因として、約50％が「簡単である」、約20％が「楽しい」という結果が出た（2008年循生研調べ）。義務的で苦行であったコンポストが趣味的な活動へと変化しているのである。また、活動を通して地域でコンポストをきっかけに人や地域の「環」が芽生

図14-6　菜園は生活園芸者からプロまで参加

図14-7　総合学習として子供達が五感を磨く

える様子に出逢えることがたびたびあった。ダンボールコンポストが地域に落とした種は、ごみ減量とともにもう1つコミュニケーションという花を咲かせる。コンポストをきっかけに家庭や町内で「会話が増えた」という回答が受講生アンケートから多く出ている。趣味としての講座から行政に働きかけ広がっていくようなケースも年々増えてきた。こうして地域の人々のかかわり合いや支え合いがコンポストを中心に広がっていくのである。

5. 事例紹介

　①堆肥をつかった菜園講座では、農業講師と堆肥講師との連携で講座を開催している。男性の参加が意欲的で毎回定員を上回る参加があり、特にこの種の講座

図14-8　都会で地域の世代交流になっている「赤坂スローフードレストラン」

図14-9　堆肥ヤードで落ち葉のジャンプでお手伝い

【堆肥イベントに参加した子供と大人の感想】

・虫やクモやミミズがいっぱいいました。とても楽しかったです。去年の堆肥は、たぶん畑に使ったと思います。今回も畑に使うと思います。
・自分の微々たる力が役立ったのが嬉しいです。前回の堆肥をスイセンの追肥にしました。今回の堆肥はヒマワリの種まきの被土に使います。
・地域のコミュニケーションとしていい場だと思います。子供たちにとっていい体験だと思います。前回の堆肥はミニトマトの栽培に使わせていただきました。
・落ち葉を集めましたがふわふわして気持ちが良かったです。自然の堆肥でいいと思いました。

ではリピーターが多く、どっぷり土づくりにはまっていく市民が後を絶たない。

②福岡市の商業地天神の近郊にある赤坂地区では、公民館と小学校、NPOの連携で年間を通しての堆肥づくりと野菜づくり、生産した野菜で秋に子供企画によるスローフードレストランが開かれている。土が少ない都会の資源循環は地域の賛同が集まり年々支援の輪が広がっている。

③落ち葉公害の街も、堆肥づくりがきっかけで資源とコミュニティの街に変身する（福岡市内）。

規模が小さくともこうした身体感覚を通じた経験的な教育プログラムは、自然と共生していこうとする新たな時代の感性を持つ人間を育てていくのではないかと思う。こうした活動の中で、「都会で土を耕しはじめること」の意義を見出し、この輪を広げていきたいという見解が育まれ、私達の中で活動の方向性がはっきりとしてきた。

このような経緯で私達の理念である顔が見える活動「地域で地域の人が教えるための仕組み」が必要となった。

6. 人材養成支援

NPOでの人材育成の位置づけは、活動にかかわる人全ての成長が目的であり目標でもある。すなわち対象者は講座の参加者だけでなく内部にも存在し、皆が日々の人とのかかわりの中で修練されていく。コンポストに特化した人材養成・支援システムは、こうした基盤の中で、内部と外部の人材を養成しながら平成17年（2005）度内閣府先駆的省資源・省エネルギー推進事業として始まった。

NPOにとって長年取り組んできた実践ノウハウは最大の資産であり、それを放出していくことに当初悩んだ。それは、養成したリーダーがライバルとなっていき、自らの存在価値がなくなるのではないか、どう連携していくのかという葛藤であった。人材養成・支援の必要性を重視し、周りの理解を得て、紆余曲折しながら現在に至っている。「全力でライバルを育てています」と笑顔で言えるようになるまでの道のりが私達のかけがえのない資産となっている。

実際に事業を継続していく上で、広がるスピードや必要な時間が計算し尽くされているわけでもなく、その道のりは地域性、相互理解、ネットワーク理解への難しさを味わいながら改善を繰り返して構築してきた。

図14-10 アドバイザーは全国に点在。養成する側の
　　　　 トレーナープログラムも実施

図14-11 アドバイザーは多様な堆肥づくりを理解し
　　　　 てもらうことを基本とする

図14-12 里山農業から学びまちで伝えていきたいと
　　　　 いう思いから連携が始まった

人材養成を構築した時期と社会のニーズがうまく重なり成果を生み、現在では誰もが参加できるコンポスト講座が全国に広がり、地域色のあるユニークな取り組みも報告されている。

また、養成されたアドバイザーによる年1回の実践交流会（ダンボールコンポストまちづくりフォーラム）を行っている。だれでも気軽に取り組むためにも活動とトレーニングが見えていくことはとても重要である。

一方、地産型堆肥化を推進し、地元の有機性廃棄物の活用による適正基材開発を行っている。「取り組みやすさ」「快適さ」「地産度」などの評価項目について、明確にモニタリングや農業実験を繰り返している。安易に提案し流通させることは「快適さ」を低下させる要因にもなるため、慎重を期する必要があることは確かだが、最も重要なことは「資源をいかに大切に取り扱うか」に尽きると思う。こうした課題や取り組み内容をネットワークに還元し、実践情報をフィードバックしていく。ここがネットワーク力の発揮どころではないかと思う。

都市にせよ、地方にせよ地域の基盤を形成する方策には共通するものがある。それは開かれた学習内容、実践的で民主的な指導者養成、世代や地域の要求をまとめていく人材などである。その中で大切なのは指導者が実践に基づいた正しい物差しと判断力を持っていること。アドバイザー資格がそのための力になる。地域同士の連携こそが今後の行動指針になっていくものと考えている。

7. 里山とまちをつなぐ人をJCVN（日本環境保全ボランティアネットワーク）で

現在JCVNの拠点の1つでもある山村塾の椿原寿之・真理子夫妻、大幸園の大橋鉄雄氏の協力を得て、保全型農業プログラムの開発の検討を試みている。両人は現世代への自然の恵みが過去の貢献によることの理解に基づき、現在を若干犠牲にしても将来に続く価値の継承を考えるため有機農業に取り組み、目の前の経済性の確保にも苦労しながら、生産者と消費者といった枠を超えた都市と農山村の連携を目指されている。都市部で農家と市民との連携を模索している私達にとって、最も楽しみな試みとなっている。

生活と自然が切り離された世代が主流になった今、農業をライフスタイルの一部として取り入れることで人と自然との健全な関係性を認識し、都会的な暮らし

と農がある暮らしの間に隔たりをなくし、社会に新しい関係性を創造する架け橋「里山とまちをつなぐ人」への大きな寄与になるのではと期待を寄せている。集い、お互いの立場にある可能性と課題について本音を語り合い、深めていくプロセスこそが今後の資源循環型社会の糧になるのではと考えている。

8. ベッタな暮らしをしよう～価値観の変容としくみづくり～

　バブル時代のいい暮らしと、今のいい暮らしは変わってきた。近年、無駄なエネルギーを使わない、モノを大切にする、資源を守る、生物の多様性を守るなどの環境倫理は、教養として既に備わっており、この数年は浸透が進んでいるように思われる。具体的な行動基準を導き出す「良い」「悪い」という価値判断は非常に困難だが、それを考える手がかりは実践活動の中で交わされる言葉の中から生まれてきている。そこで培われた価値観で集まった3つのNPOと2人の研究者で「ベッタ会※」を設立した。
※新聞環境システム研究所（紙）・南畑ダム貯水する会（水）・循環生活研究所（土）・九州大学藤田敏之准教授・鹿児島大学中武貞文准教授

　環境倫理の理解が進む中でも、利便性を犠牲にしてまで面倒なエコロジーな暮らしをしたいと思う人は少なく、いいことだと分かっていても具体的な実践にはつながらない人々が多いのが実情である。そのためベッタ会では、少しでも興味がある層に対象を広げて、楽しく体験できる活動の場づくりと仕組みづくりとして、充実した大人の余暇の過ごし方の提案などに取り組んでいる。

　私達は、知識を駆使して頭で考え、うんちくを述べるよりも、コンポストをかき混ぜてみて実感することのほうが何倍も重要であると考える。雨水を溜めて使うことや紙を長生きさせたり、新聞を資源として貯金し別の価値への交換をする"歩く森活動"の場合も同じである。このように行動する人が得られる実感をベッタ係数として、実現されたCO_2の循環量を換算し、行動評価を行っている。またインセンティブシステムとしてお互いの商品やサービスの割引きができるベッタシステムを運営している。

　このベッタを基軸とし、だれもが参加しやすい場づくりや仕組みづくりを地域ニーズに合わせた形で実施している。このベッタシステムにより古くていいものを守っていきながら新しい時代の新しいルールと広がりが見え始めた。

図14-13 ベッタマーク
※「ベッタ（Betta）」とは、良い暮らしを表現するための造語であり、地べたで地道な活動がベターな暮らしにつながるという意味をもたせている。

ベッタ学習「ベッタな暮らしをしよう」
1）雨水学習会
雨を溜めて使う暮らしがもたらすエコロジーな話（世界の水事情からお庭での雨水タンクの活用法）
2）紙の学習会
①つくってみよう！「新聞バック」「新聞バスケット」の作り方教室。②新聞を集めて価値の交換＝資源銀行に貯金。③地下鉄やバスの割引券に換え乗ることができる話など。
3）土の学習会（堆肥の作り方）
①ベランダで簡単にできるダンボールコンポストの上手なつくり方教室。②海藻アオサ堆肥のつくり方教室・グリーンカーテン講座。③堆肥を使った菜園講座（オーガニック菜園教室）。④堆肥の作り方から使い方、野菜の育て方の実践型講座。⑤実践型キッズ菜園・堆肥を使ったガーデニング教室。
4）フリーマーケット（5月・11月）
フリーマーケット・キッズフリマ。
ソーラークッキング教室・ベッタ学習会など。

9. 小さな循環ファームづくり

平成21年（2009）これまでの活動の成果と自己実現として、歩いて行ける距離での資源循環「小さな循環ファーム」を旗揚げした。

住民、農家、レックススパゲッティ（飲食店）、三苦ベーカリーPAO（パン屋）、スプリング食堂（アドバイザーが起業したレストラン）、市民農園参加者、栄養士、など賛同者が集い、小さな循環レストランを開催する準備の中で同年12月に共同出荷をスタートさせた。

これに先がけて、1期生のダンボールコンポストアドバイザーの中島幸子氏が循環野菜で起業した。そのスプリングレストラン「環」は福岡県春日市の住宅街の中にあり、地域の賛同者の女性がスタッフとして集い支えている。野菜がある

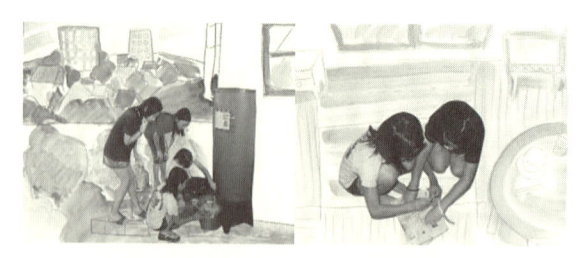

図 14-14　家庭で取り組める楽しい資源循環術を専門 NPO が連携して市民に実践を促していきます

図 14-15　今が人生で一番輝いていると笑顔の中島さん

図 14-16　価値がある活動をしたいとレックスさん

図14-17 三苫ベーカリーPAOでは野菜をリヤカー販売

図14-18 食の発信地として「海辺の里」

時だけの開店と、独自のスタイルで運営、季節を満喫できる安全で贅沢なメニューは地域の人が求めていた憩いの場となっている。「食はあらゆる文化の母体であることを、次世代を担う人たちが食を考える場所にしたい」と凛としたまなざしである。70歳を目前で起業した中島氏は活き活きと、賑やかに、厨房で腕を奮っている。

次に、スパゲッテイ専門店の老舗「レックス」は、今までの飲食店のあり方を見直し、店舗を一旦閉め、儲け主義の経営から脱皮して意義ある何かに挑戦したいと循生研を訪れた。小さな循環カフェ会議に何度も足を運び、2年間の模索の後、平成22年（2010）に堆肥の力を伝えるレストランとして地域に小さな店舗を新規に構え、「どうなるかわからないが、勝負してみる。堆肥の力で育った野

菜の本物の味を伝えたい」と野菜を使ったメニューを考案。2年間のブランク中に、奥さんが発病し、闘病の中で気持ちがすっかり落ち込んでいる時期を乗り越えて、ご夫婦が力を合わせての再スタートである。

　小さな循環ファームの仕組みに賛同し、登録した農家は現在6軒。堆肥の交換制度の運営、堆肥や畑講座、畑の管理、プロジェクトの運営など多岐にわたり定期的な円卓を囲んでの話し合いで、いくつもの課題を抽出しながら進めている。

　堆肥の交換制度で集まった堆肥の効果を農家が実感できるまでのプロセスや、農家の参入が予想以上に苦戦した。地に足をしっかりとつけ、地域の人にも分かりやすい構想の必要性を感じた。現在、週に1回小さな循環ファーム（野菜販売）を開催している。味を知った人が堆肥づくりにつながっていき、堆肥づくりに取り組む人が消費者となって参加の環を広げている。小さな循環野菜の味で惚れこんで賛同いただいた企業西日本パブリック㈱（福岡市東区西戸崎本社）からの申し入れで、道の駅「海辺の里」に小さな循環ファームコーナー「堆肥の力」ができた。堆肥でつながった人々同士が手をつなぎ新しい連携がヨチヨチ歩きだした。新しい時代の、この地域に合った仕組みができていく。

　地域や食について本気で考えて集う仲間が参加し、少しずつ広がっている。何といっても、農家の方々が長期的な展望をもって資源を大切に取り扱いながら暮らせることが、地域の人々の安定した安全な食につながっていく。こうした活動は多くの人々の共感を生んでいる。

10. 小さな循環いい暮らし

　私達NPOは堆肥づくりが「楽しかった」だけでは終わらせない企画、この活動を発展させる人の育成を目指している。コンポスト講座を通して生活の中で堆肥化スキルを身につけた人々は生の"ごみ"が出ない快適な暮らしを手に入れている。

　これまでに述べてきた活動や広がりは、私たち自身の経験だけでなく、移植した地域（岐阜県大垣市など）における広がりや、新たにみえてきた課題などからも明確化し、よくも悪くも評価されていると考えている。多様な主体との連携と協力が必要不可欠であり、ネットワークの重要性が問われていると思う。

　コンポストを普及することだけが私達の目的ではない。コンポストを通して、

図14-19　生産者会議の様子

図14-20　円卓会議で意見が集積され、少しずつ進んでいく

堆肥づくりの素晴らしさ、楽しさを体感し食やライフスタイルそのものを見直すきっかけをつくり、モノに対する見方や考え方を学んでほしいと思っている。またいろいろな堆肥化の方法やあり方に理解を示し、挑戦してほしいと願う。

　今後、教養教育としてのコンポストが望まれており、時代のニーズにあったかたちで進化していくと考えている。堆肥でつながるコミュニティがしっかりと根付き、それが地域の福祉や防犯、教育面に波及するような、無理のない楽しいコンポストライフを提案できたらと思っている。この小さな資源循環の恩恵を享受できた子供達が、将来地域にもどって次世代の担い手となることを夢見ている。

　今後も養成されたアドバイザーは、多様な主体とのネットワークの中で、循環型まちづくりを、生活者の視点をもって進めることができると考えている。自然

図14-21 街中でも野菜が採れる贅沢なくらしをしたい

循環の環に入るものを、できるだけ暮らしにとり入れ、楽しく堆肥づくりをしながら栄養物が大地に呼びもどされていく、緑に囲まれた心地よい暮らしが広がってほしいと思う。

少しわずらわしいかもしれないが、資源や人にかかわり合い、何かに取り組んでいくプロセスがこれからの新しいコミュニティの再生につながっていくと確心している。

【平　由以子】

第15章　庭や公園、学校におけるビオトープづくりと効果

1. ビオトープについて
(1) ビオトープとは

　ビオトープとはドイツ語でBIOTOP、英語・フランス語でBIOTOPEとつづる学術用語である。100年ほど前にドイツの生物学者ヘッケルによって提唱された術語で、生き物を表す「BIO」と場所を示す「TOPOS」の合成語で、単に「生物の生息する場所」という意味だったが、その後様々な意味が付け加えられてきた。

　現在では、自然の生態系（Eco-System）と同義語と考えられる。しかし、生態系がやや抽象的な概念であるのに対して、ビオトープはある地域の具体的な生態系を示すものである。したがって、生態系を構成する物理的・化学的・生物的要因、あるいは生物要因の中の生産者、消費者、分解者などと呼ばれるものが、具体的な種として示される。

図15-1　多自然型護岸（長崎県波佐見町）

個人の家庭においても、庭やベランダで生き物の生活空間を楽しみ、一方、このような純学術的な概念のほかに、世界的に失われつつある自然環境を保全・再生あるいは復元する行為の目的として位置づけられている。我が国でも、十数年ほど前から各地で行われている多自然型川づくり、自然を重視した公園づくりなども、この範疇に属するものと考えられる。

(2) ビオトープの現状

人類が地球上に出現する前には、地球上に様々なタイプのビオトープが存在していた。これは、地球上には地形・地質・気候あるいは地史的に異なる様々な地域があり、そこに生息する生物にも大きな差異が存在するからである。

これらの自然ビオトープの大部分が、何らかの形で多少なりとも人間の影響を受け、破壊・消滅の危機にあるものが次第に増加しつつある。産業革命以降、特に21世紀に入ってからは、過去にないほど急速かつ大規模に地球上の環境が変化している。したがって、以前身近にあった様々なビオトープが消滅あるいはその規模が縮小しているのが現状である。この結果、当然のことながら生物の多様性が失われつつあり、既に危機的な状況に至っていると言っても過言ではないと考えられる。

(3) 子供達を取り囲む環境

かつて子供達は、自然の中で様々な知恵を身につけ、心身を鍛えてきた。「教育」とは、このような人間教育が柱であり、学校で行うのはそれに知識を補填するという2次的な存在であった。しかし、現在では「教育」とは学校教育のみで知識を与えることを意味するものとなっているような感がある。

テレビがどの家庭にも普及する以前は、多くの子供達が時間を持て余し、この時間を身近にある自然の中で費やし、そこから実に多くのものを学んだ。しかし、30年ほど前から事態が一変し、将来の受験準備で多忙となり、また、接するにも身近な自然が失われたという状況になった。現在では、さらに状況が変化し、コンピュータの普及によってバーチャルなものがあたかも真実であるかのように感じている子供達が増えているようである。このように、子供達の教育環境は大きく変化している。

大人をとりまく状況も同様で、子供時代に自然と接していない親たちが増加している。虫に触れないどころか、虫の食べ跡のある野菜は不潔であると感じる親も少なくない。まして、原風景を持たない子育て中の親たちは、子供を自然から遠ざける存在でしかないのかもしれない。このような背景から、身近で生き物と接することができ、自然のドラマを目の当たりにできるビオトープは、様々な感動を与えてくれる可能性を有していると考えられる。

　ここでは、庭、公園、学校におけるビオトープ作りとその効果について事例を紹介する。

2. 家庭でのビオトープづくりと効用
(1) 庭における取り組み

　福岡市内の住宅地にあるO氏邸は、住宅街の真ん中に位置し、沖積低平地と台地の境界部に位置している。居住して17年を経過しているが、当初、庭は狭いながらも植木を楽しめる手入れの行き届いたものであった。

　しかし、周囲に高層マンションや近接してアパートが立てられたため、日当たりが悪化し、庭の様相が変化してきた。また、家庭菜園やガーデニングの流行に伴い、庭の利用方法が変化してきたが、庭木の手入れに伴って生じる剪定枝を処理するために堆肥ヤードを作った。

　3年を経過し、良質な堆肥ができた。もともと、周囲は水田地帯であったと考えられることから、ここに近傍の田んぼからセリを移植した。その後、ミツバ、フキなどが追加され、山菜ビオトープとしてご近所に春を配布している。

　昆虫も増加しており、ナミアゲハ、キアゲハ、ナガサキアゲハ、モンシロチョウ、キチョウ、ベニシジミ、ヤマトシジミなどのチョウ類、ナミテントウ、ナナホシテントウ、カメノコテントウ、コフキコガネ、ドウガネブイブイなどの甲虫類などが見られる。また、ノゴマ、ヤブサメ、コマドリなどの渡り鳥にも、良好な休息と給餌場を提供している。爬虫類としてヒバカリも見られるようになった。

　近所の小学生がしばしば訪れて、ミニ観察会が行われ、自然とのふれあいの場を提供している。

図15-2 庭を訪れた渡りをする蝶アサギマダラ

図15-3 堆肥ヤードで育つセリ

図15-4 フキと新しい堆肥ヤード

図15-5 タライとコンテナを用いたベランダビオトープ

(2) ベランダにおける取り組み

福岡市近郊の宇美町に居住するY氏は、子供たちと近傍の河川や山野で自然を楽しんでいた。自宅がマンションの4階であるものの、何とか自宅で自然を楽しみたいと考え、当初水槽で水生昆虫を飼育して、これを観察することとした。

しかし、小さくてももっと数多くの生き物を身近で観察したいとの考えから、ベランダでビオトープ作りを行うこととした。2000年、タライに近傍の水田の表土と河川水を入れ、ヒメガマなどの植物を移植した。

継続的に観察を続けたが、小さなベランダビオトープで繰り広げられる自然の営みは、子供たちに十分な感動を与えている。この経験は、通学している小学校のビオトープ作りに活かされたとの話をお聞きした。

3. 公園におけるビオトープづくりと効果
(1) ビオトープとしての公園の活用

身近な自然が失われつつある昨今、自然と触れあうことの重要性が叫ばれており、多くの場所で自然観察会が行われている。福岡市内では、大濠公園、油山市民の森などが選ばれ、市民の方々が身近な自然を楽しんでいる。

しかし、極身近で自然との触れ合いを楽しむことを考えると、近隣の公園をビオトープとして活用するのが便利である。以前の公園は子供達の声で満たされていたが、近年はやや衰退したもののゲートボール場として利用されることが多く、公園の主役が交代した感がある。また、多くの公園はホームレスの居住空間

となり、安全面から利用が減少している場合も見受けられる。

(2) 地域住民との触れあい

長丘中公園はマンションの林立する市街地にあり、面積は約 10,000m^2 のほぼ四角の形状を呈している。南側の洪水調整用の池ならびにこの東西に位置する二次林と、その北側に池を埋め立てて造成した遊具がある広場に大別される。この洪水調整池は市楽池と呼ばれ、以前は農業用の溜池の機能を持っていたが、下流域の水田地帯が住宅開発にともなって消失したために、現在では治水機能のみを有している。

1989 年、この洪水調整池が運動場兼洪水調整池として整備されることとなったが、地域住民の合意を得ないまま着工したことから、地元の方々からの反対の声が沸きあがった。その結果、計画は凍結された状態となった。その後、1997 に福岡市南区のまちづくり企画推進課（現総務部企画課）の主催でワークショップが開催され、地域住民の意見で公園を改修することとなった。

公園づくりのワークショップが開催されたが、その結果、池と周囲に残ったわずかな林を活かした「自然と共生した公園」にしようとの結論が得られた。この中で多くの住民の方々と知り合うことができ、地域の方々が結成している"中公園かたろう会"の提案で定期的に自然観察会を実施することとなり、四季折々の自然を楽しむ会が行われている。

(3) 公園での気づき

身近に公園があっても、どんな生き物が生息しているかについては、なかなか知られていない。長丘中公園は、富栄養化しているものの池があり、その東西に二次林が残るという環境にあるため、住宅街に位置しているにもかかわらず、多くの生きものが生息している。

草本類としては、絶滅状態に近い在来種のカンサイタンポポの群落、フデリンドウなどが生存していた。これを地域の方々に知っていただきたいということで、観察会を開催したが、「近くにこんなところがあるの？」というのが参加者の感想であった。その後、「五感を使ってネーチャーゲームをしよう」「中公園の山菜を食べよう」「夜の自然を満喫しよう」などなど、四季を通して楽しんでき

図15-6　在来種のカンサイタンポポ

図15-7　ワークショップの様子

た。

　この間、住民の意見が集約され、公園の計画が完成し、2000年度から工事が着工された。行政も協力的で、工事を部分的に行いその結果を翌年の工事に反映する手順で、5年かけて工事を進めることになった。また、地表を掘削する際、根や休眠種が含まれる養分豊かな表土を活用しようとの考えから、一旦表土を剥ぎ取って仮置きし、所定の深度まで掘削した後に表土を戻すこととなった。

　ここで注目されるのは、ワークショップの中で「手伝うことがあればやりますよ」との意見が出されたことである。ゴミ拾いは勿論のこと、工事に先立つ植物の移植、鳥が休むための木杭打ちなども住民で実施したため、公園が身近な存在になった。

第15章　庭や公園、学校におけるビオトープづくりと効果

図15-8　フデリンドウの移植作業

(4) 環境の飛躍的な変化

　工事は水面を拡大することから始まったが、平成12年度の工事で水面が以前の10倍程度になった。その後、生態系に配慮しながら工事を進めたが、その結果水生昆虫やトンボ類が劇的に増加した。また、水鳥のバン、カイツブリ、ヒクイナが繁殖したし、カワセミも飛来するようになった。

　猛暑の夏場は、この公園に近づいただけで気温の低下に気づく。地域住民の方は、水面を吹き抜ける風の爽やかさに驚いている。

　しかし、これに勝る変化は、公園を訪れる人たちが増えたことである。住民の方々の意見で自然と共生する公園が設計され、そこで自然に気づく人々が増えたことは、今後の公園づくりの参考例となるのではないかと考えられる。

　なお、池の面積が広くなったため、いつの間にかブラックバスが放流されていた。生態系が破壊される可能性があることから、捕獲することとなった。捕獲後にブラックバスの胃の内容物を確認したところ、シオカラトンボなどの多くのヤゴが見られた。ブラックバスはフォイル焼きにして試食したが、子供達には好評であった。

　その後、ごみを採取しながら自然観察会を実施するなどのイベントを継続するとともに、長丘小学校の総合的学習の場として、地域の自然を体感する空間として利用されている。このゲストティーチャーを「中公園かたろう会」のメンバーが実施している。

図15-9　公園で遊ぶ子供たち

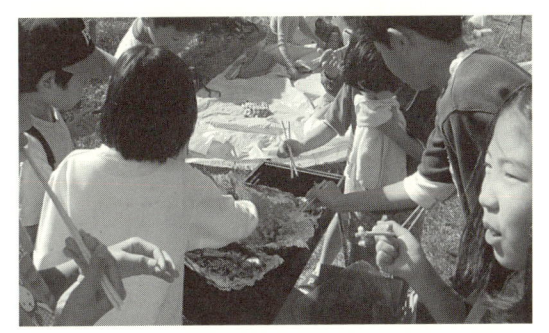

図15-10　捕獲したブラックバスの試食「結構いけるじゃん！」

図15-11　個体数が減少しているベニイトトンボ

図15-12　公園を訪れるカワセミ

4. 学校でのビオトープづくりと効果
(1) 学校ビオトープの意義

　自然と親しむ施設として保育所、小学校、中学校、高校、大学などの教育の場でビオトープ作りが実施されている。

　学校ビオトープは、2つの意味で地域と深い関連を持っている。1つは作る過程および維持管理・活用段階で出現する地域との関連性である。学校ビオトープを造るには、総合的な知恵と力を結集する必要があることから、子ども達と教師だけでは限界がある。このため、地域住民や行政・専門家の協力・支援がなければ成り立ちにくく、多くの方々の協同作業によって造られることがほとんどである。このため、人的な意味で地域との関連が深まることになる。

　2つ目は、生きものが外部と関連しているということである。学校ビオトープの実施例では、ちょっとした池を掘っただけで、劇的に生き物が増えたとの報告がある。これは、植物の種子であれ昆虫であれ、風や自らの羽を用いて、外部から飛翔してきたものである。この意味でも、学校ビオトープは地域の生き物のネットワークの一翼を担うことになる。

　なお、学校ビオトープは学校の施設の1つであるが、既存のものとは違う存在といえる。既存の施設は、ともすればお仕着せ的なものであるが、学校ビオトープは、子供、教師、地域住民、専門家、行政が協同で作るものである。また、土木的な完成時が終了ではなく、その後の活用や維持管理のスタートとなることでも違った学校施設であるといえる。

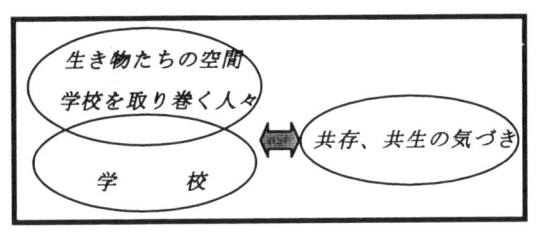

図 15-13　学校ビオトープの意義

(2) 学校ビオトープづくりの手順

学校ビオトープづくりの各段階で、専門家や地域住民が参加することになる。

① 計画段階

この段階では、ビオトープについての情報を収集し、目指す独自のビオトープ像をみんなで作る。このため、地域の歴史や自然環境に精通した講師を招き、教師や生徒、地域住民の方々を対象とした講習会を開催することになる。

この時の講師としては、学識経験者のほかにビオトープ管理士、環境省の認定した環境カウンセラー、（財）日本自然保護協会の認定した自然観察指導員などの協力を得ることが考えられる。

② 設計段階

子供達がビオトープのアイデアを出し、これをもとに設計する。まず、場所を決めることになるが、どうしても現在活用されていない場所が選ばれがちである。しかし、そこは日が当たらないなど、生き物の生息にとって必ずしも良好な場所とは限らない。学校全体を眺め、呼びたい生き物に適した場所を選ぶことが重要である。

この段階でも、ビオトープや土木設計に精通した専門家の参加が必要となる。ボランティアでこのような仕事を引き受けてくれる専門家をリストアップしておくことが必要だが、自治体によっては環境部局が人的財産のリストを有している場合があり、これらの情報が役立つ。

なお、福岡市で創造しているビオトープは、「生き物のやってくる空間」と位置づけており、外部からの生き物の移入は同一環境の近隣地域からに限定している。

③ 施工段階

　生徒、教諭、PTA、地域住民が協働で工事を実施する。地域の建設業者に主旨を説明して協力を得ることもあるが、自分たちで作業できるような小さいことから始めて、それを徐々に拡大していく方法もある。

　多くの作業があるが、安全面からはやはり専門家の指導が必要である。今までは地域にお住まいの建設業に従事している方の協力を得るなどの方法を採用したが、造園建設業会などで環境活動を支援するボランティア組織を構築しようとの動きもあり、それらがNPOとして活動することになれば良いと期待している。

④ 管理段階

　実際に作ってみると、例えば土砂が流入して池が浅くなる、外来種が増殖する、移入種が持ち込まれるなど、様々な問題が発生する。これらを適切に維持管理することが必要で、「ビオトープを育てる」という考え方が重要である。

　ここでも専門家の支援が必要となるが、①に記した方々の指導を得ることになる場合が多い。また、ビオトープを総合的学習で活用するためには、教師と専門家が協力して具体的な学習プログラムを作ることも重要となる。

(3) 保育所での取り組み

　小学校、中学校、高等学校などの多くの教育施設で学校ビオトープが造成され、様々な取り組みが行われている。

　ここでは、福岡市立壱岐保育所の事例を紹介する。1959年に設立された施設で、現在0歳児から5歳児までの約100名が通園している。敷地面積は1,369m^{2}で、園庭は788m^{2}である。

① はじまり

　壱岐保育所は2002年にビオトープづくりに着手したが、これは園児の「保育所にもバッタやテントウ虫がいたら良いね」とのつぶやきから始まっている。この言葉を受けた保育士たちは、これに答えようと話し合いを繰り返し、「ビオトープを作ってはどうだろう」との意見となった。しかし、詳細がわからないことから、福岡市環境局に出前授業を依頼し、保育士を対象とした「ビオトープ教室」が実施された。

　また、子供達に自然を楽しんでもらうために、親子を対象とした園庭や周囲の

図15-14　自然観察会のまとめ風景

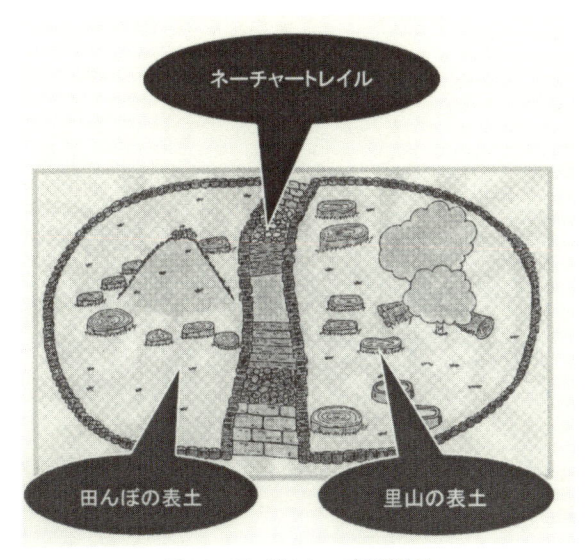

図15-15　ビオトープの設計図

田んぼを活用した自然観察会などを実施した。
　② ビオトープの設計
　保育士達は話し合いを繰り返し、以下の3点を重視してビオトープを作ることにした。
・子供達に里山・田んぼの自然を残したい
・自然の中で豊かな実体験をさせたい
・保護者に自然と触れ合う原体験の大切さを伝えたい

第15章　庭や公園、学校におけるビオトープづくりと効果　　　205

この結果、壱岐保育所のビオトープを「里山に住む生き物のすみかを作り、生き物を呼ぶこと」をコンセプトとした。
　周囲に田んぼや里山があること、園庭が狭いため大きな用地が確保できないこと、年齢が低い子供が多いため水辺が創出できないことから、以下のようなビオトープを作ることとなった。
③　ビオトープづくり
　ビオトープは、花壇に隣接した箇所としたが、面積はわずか38m^{2}である。ここに園児、PTA、保育士のみならず、地域住民の協力を得て造成することになった。ホームセンターで花壇用の資材を購入し、これを外枠として利用した。
　ほぼ円形のビオトープで、中心に足の感覚を楽しむネーチャートレールを、小石、木杭、煉瓦、土で作り、両サイドに近接する田んぼの土と里山の表土を区分して投入した。

図15-16　ビオトープ作りの作業風景

図15-17　重くてもがんばりました

図 15-18 完成直後のビオトープ

図 15-19 2003 年 7 月と 2003 年 9 月の様子

　土砂は父兄の所有する軽トラックを利用して運搬するとともに、園児たちが散歩の時に手で運搬した。重さも気にせずにがんばって運んでくれたのが印象的であった。
④ ビオトープの変化
　造成終了後、植物の生える気配がないことから、失敗したのではないかとの不安があったが、子供達とじっくり観察することにした。梅雨の雨の後に、やっと芽生えが確認できた。
　この時点の観察結果では、田んぼの表土からはレンゲ、スズメノテッポウ、ハハコグサ、ジシバリ、スイバなどの植物が生長するとともに、外来種のイネ科の植物が多く見られた。
　一方、里山の表土を投入した箇所では、イネ科の植物が少なく、ホトケノザ、アキノタムラソウなどのシソ科の植物やオオイヌノフグリ、タチイヌノフグリなどのゴマノハグサ科の植物が生長した。

図15-20　2004年のビオトープの様子

図15-21　0歳児の利用

図15-22　1歳児の利用

図 15-23　2 歳児の利用

図 15-24　3 歳児の利用

⑤ ビオトープの活用

　先に述べたように、壱岐保育所には 0 歳児から 5 歳児の 100 名の子供達がいるが、月ごとにビオトープを活用したプログラムを作成して、さまざまな活動を実施した。

〈0 歳児〉

　0 歳児にとっては、ビオトープはジャングルのような存在で、冒険の場のように接していた。

〈1 歳児〉

　生き物捜索が日課になった。

〈2 歳児〉

　2 歳児になるとゲームを取り入れて生き物と触れ合った。

〈3 歳児〉

　生き物を見つけるのが上手くなり、虫たちとも仲良しになった。また、そっと

図15-25　4歳児の利用

図15-26　羽化に失敗した蝶を心配そうに見つめます

触ることの大切さを知った。
〈4歳児〉
　静かに見つめることができるようになり、自然体験ゲーム（サイレントゲーム）でビオトープを楽しんだ。
　園内で蝶のさなぎを発見し、その成長を見守った。羽化に失敗した蝶、無事に飛び立った蝶をみんなで観察した。

図 15-27　飛び立った蝶を笑顔で見送りました

図 15-28　5 歳児の自然観察

〈5 歳児〉
　いろんな疑問が出てくる年齢で、解決するとそれが知識に変わっていく。セミを発見すると、図鑑で調べて種類を特定し、夏が終わりに近づくとセミの声が聞こえなくなることで、命に限りがあることを知った。
　このように年齢に応じてビオトープで様々な体験を行っている。この取り組みには保育士の方々の熱心さが大きな要素となっており、福岡市の開催するビオトープ教室に参加したり、ネーチャーゲームの勉強をするなどの日頃の努力がこの成果に結びついていると考えられる。
　生き物と接する時にはルールが重要であることも学び、発見した生き物にはそ

図 15-29　取ったところに生き物を戻します

図 15-30　分からないことはすぐに調べます

っと接し、観察した後はもとの場に戻すことも自然の行動となっている。
　壱岐保育所は、「自然を生かした保育」「自然と親しみ育む保育」を目指し、ビオトープを活かした保育を実施している。ビオトープ活動をニュースとし、地域に発信している。その結果、保護者、地域、小中学校との連携も深まり、多くの協力者とネットワークが形成された。
　これらの活動が認められ、平成 21 年度全国学校ビオトープコンクールで、特別賞であるドイツ大使館賞を受賞した。

図15-31　壱岐保育所のビオトープ活動一覧

5. おわりに

　環境が大きな社会問題となっている。環境が大きく変化した原因として、人間生活の環境への負荷が増大したこと、人間の自然への働きかけが減少したこと、移入種の増加などが挙げられているが、この現実を直視し、よりよい環境を次世代に受け渡すのが我々の責務である。

　現在の都市部では、かつて存在した多様なビオトープが消滅あるいは減少している。現在残されている貴重な自然を保全すること、あるいは再生することは勿論大事であるが、規模は小さくても新たにビオトープを創造することは大きな意義を持っている。この新たに創造するビオトープは、現在の環境をより豊かなものにするビオトープネットワークを形成する。しかも、そのような拠点が身近に出現することは、自然の不思議さを体感する機会が増えることになる。

　このような観点から都市部で実施しているのが学校ビオトープであり、公園や家庭での取り組みである。ビオトープといえば水辺を有しているとのイメージが強いが、壱岐保育所の事例に見るように、育てるとの意識を持って継続して利用すると大きな成果を生み出すことが分かった。

第15章　庭や公園、学校におけるビオトープづくりと効果　　　213

公園の片隅に野草の生える場所を確保することや玉切りした木を山にして積み置くことなどは、早急に取り組めることである。身近な自然に気づき、小さいことからどんどん行動していくことが重要だと考えている。

　環境への気づきのため、身近な環境に目を向け、継続的に行動することが重要である。このためには、地域との連携を欠くことはできない。地域の住民と連携し、地域ぐるみで活動することがその鍵になると考えられる。　　　　【小野 仁】

第16章　川や水田の生物多様性復元と触れ合い体験による効果

1. 日本の水田や河川の変遷
(1) 水田の変遷

　水田には水は不可欠であり、水源－水路－水田－水路－公共用水域というように、水域の一連のつながりの中で水田は存在している。このような一連の水域のつながりは、水田が日本で本格的に導入された弥生時代からみられるが、日本全体でみれば長い歴史の中で一連の水系が構築されてきたものと言える。

　近年の研究によれば人はこの水系を積極的に利用し、そこに生息する魚類、甲殻類などを利用してきたと考えられている（池橋宏、稲作の起源）。すなわち、水田は単に稲を生産する場ではなく、併せて蛋白源を生産する場でもあったのである。また、植物にしても稲だけではなく豆、芋なども作られてきたのである。この視点は水田の生物多様性を考える場合に、重要な視点である。

　日本における最古の農村の1つと考えられている福岡県の板付の水田遺跡は、二千数百年前の集落水田遺跡である。大宰府を水源とする御笠川から水路を建設し、1km程度導水し、堰を用いて水田内に水を導水している。その水利構造は完成度が高く、集落での稲作が始まった当初から、水利施設もかなり完全な形で施行されていたことが分かる。遺跡関係者に聞いた話であるが、水路などで魚をとる漁具も合わせて出土するそうである。これらから稲作と同時に水田漁労技術も渡来人により導入されたものと思われる。

　しかしながら、高度成長期以降、水田が稲を作る場に特化する中で、本来の水田の姿を私たちは忘れてしまっている。さらに、高度で長期構想の圃場整備が進む中で、水系のつながりも分断され、水田に住む生き物たちも大きな影響を受けている。圃場整備により用排水路の分離、給水系統のパイプ化、用水路のコンクリート化が行われ、河川―用水路―水田という生物が移動する経路は大きく影響

を受けた。

(2) 河川の変遷

　河川はもともと洪水の流路として自然が形成したものであるが、日本のほとんどの河川は人の手が入っている。河川改修の歴史はとても古く、日本書紀の仁徳天皇記に淀川の茨田堤が構築されたことが記載されている。その後、行基や空海などによる溜め池の築造や河川改修が進められるが、本格的に沖積低地の開発が進められるのは戦国時代以降である。江戸時代の治水は利根川などの大河川で連続堤防が構築され始めるとはいえ、大規模な洪水を全て河川で流下させることは難しく、一部が開口した霞堤や一部が低くなった越流堤、河川沿いの水害防備林などがしばしば用いられた。これらの河川処理手法は氾濫を許容した治水と言えるし、ある意味では洪水流を積極的に水田に導く河川技術といえる。氾濫流により水田が大きな被害をこうむることや、年に何度も水没することは農民にとって困るが、ゆっくりと洪水が流入し、肥沃な土を堆積させることはむしろ好都合であった。下流から水が流入する霞堤や洪水の勢いをそぐ水害防備林は、水田にゆっくりと水を導く技術としては優れた技術であった。

　明治時代になり、お雇い外国人による近代科学に基づく河川技術が導入された。当初は、河川舟運がまだ盛んであり、航路維持のための河川整備が進められたが、明治中期に大規模な洪水が相次ぎ、明治39年（1906）に河川法が制定され、治水中心の定量的な河川整備へと大きく変わっていった。これ自体は喜ばしいことであった。これによって、洪水の規模が推定できるようになり、ある一定の安全度を処理する河川技術が確立され、洪水は劇的に減っていった。一方で、河川の形態は画一化され、早く水を流すために河道の直線化が進んだ。その結果、美しい風景や生物のすみかは失われていった。

　そして現在、環境の時代へと突入している。生物多様性を保持し、景観が良好で人と水辺との触れ合いを確保した新しい技術論が模索されている。ここでは、筆者が取り組んでいる、佐渡島におけるトキの野生復帰に関する研究や、アザメの瀬における湿地再生の取り組みについて紹介しながら、水田、河川の再生と人とのかかわりについて考えてみることにしよう。

2. 水田や川の生物多様性の劣化とそれに対する再生・復元の基本的な考え方

(1) 水田や川の生物多様性の劣化

　環境を再生するということは、環境が劣化しているということである。したがって、環境再生の第1歩はどのような理由でどのような環境が劣化しているのかを把握することにある。

　水田に関しては、以下のような点が生物多様性保全上の課題として挙げられている。

①水田と用水路との連続性の欠如
②水田の中干し
③乾田化
④農業水路のコンクリート化
⑤用排水分離と水路面積の減少
⑥農薬や化学肥料の散布

　また、河川に関しては、以下の課題が挙げられる。流域からの視点も重要であり、水田に比べると広域的な課題も含まれている。

①流量に関する課題
・流量の平滑化
・流量の減少
②土砂に関する課題
・流出土砂量の減少：崩壊地の減少、ダムや砂防ダムなどの横断工作物の設置、砂利採取
・細粒土砂分の増加：都市開発、水田の畑化（南西諸島でしばしばみられる赤土の問題も類似の課題である）
③水質の悪化
・有機汚濁
・栄養塩の増加による富栄養化
・有害物質、微量物質（塩素、アンモニア、重金属、農薬、環境ホルモンなど）
④エネルギーフロー（餌）

- 河畔林の伐採によるリター（落ち葉）および落下昆虫量の減少
- 濁水による付着藻類の生産量の低下
- プランクトンの流下：水の滞留区間におけるプランクトンの増殖が下流に及ぼす影響

⑤生息場

　　生息場の減少は大半が河川改修によるものである。従来の河川改修手法が河道の直線化、定規断面と呼ばれる台形状の単一断面化、河床掘削を主たる改修手法としており、その結果、上記に示した様々な課題を生じさせている。

　　現在、河川改修方式の変更や自然再生事業などにより、上記の課題を解決するための手法が提案され、中小河川の技術基準あるいはポイントブックとして定められた。今後、徐々に普及していくと考えられるが、現状では新しい改修手法が全国に普及しているとはいえない状況にある。

- 瀬・淵の減少
- 低流速域の減少
- 河床材料の変化
- 周辺水域との分断化：河床低下や河道掘削による
- 空間の多様性の低下：同一断面で改修が行われるため、流速の多様性や河床材料の多様性が失われる
- 河畔林や河道内の植生の伐採
- 河道の樹林化
- 潮間帯の喪失：下流の感潮域において河川の水際域には満潮時には水没し、干潮時には干出する潮間帯が存在するが、河川改修による掘削により、潮間帯が失われることがしばしば生じる。潮間帯はカニや底生動物の多様性が高い。
- 干潟の減少
- 周辺水域あるいは氾濫原的環境の減少

⑥生物
- 外来種
- 乱獲

・生息地のかく乱：河原への車の乗り入れなど、意図しない形での生息地のかく乱により河原の生物が特に影響を受けている。

(2) 環境復元の考え方

　水田と河川とは環境劣化の要因もそこを管理する主体も異なり、環境復元の手法は大きく異なる。しかし、復元に関する基本的な考え方は共通する。すなわち昔の環境をそのまま復元するのではなく、生物多様性を保持できる機能を復元するという、機能復元の考え方である。そして、環境復元は何らかの形で人の生活にも影響を与えるため、住民との協働、合意形成など人と自然との関係性を整える必要があるという考え方である。

　環境を復元する時に、昔のそのままの形を復元する、あるいは河川であれば護岸を撤去しそのまま放置しておけば自然が復元されるという考え方がある。これらはとても素直な考え方であるが、それほど単純に復元できるわけではない。なぜかというと、時代とともに河川や水田を取り巻く環境は変わり、人の暮らしも変わっており、単にその場だけを昔の環境に戻したとしても生物多様性の機能は簡単には復元しない。また、人の暮らしを変えることによって、環境を復元することは、理論上は可能であるが、人の暮らしを変えるのはなかなか容易ではない。自然環境が劣化しているということは、そこに何らかの人為的な行為が関係しており、それらを全て取り除くことは極めて困難であり、現実的ではない。したがって、生物多様性が保持できる機能を現在の暮らしの中でどう達成するのかというのが復元の基本的な考え方である。豊岡のコウノトリや佐渡島のトキの野生復帰に見られるように、農業の在り方や暮らし方を生物がすめるように変えるということも復元の重要な手法であるが、それでも全ての人為が取りされるわけではないことを認識しておく必要がある。

(3) 多摩川の河原の再生における環境復元

　1970年代前半までの多摩川中流に位置する永田橋地区河道には、礫河原が広がっていた（図16-1）。当時、礫河原には、関東地方と東海地方の一部にしか見られないカワラノギクの大群落を見ることができ、カワラバッタ、ツマグロキチョウ、コチドリなど河原に依存する生物が生育・生息していた。その後、左岸側

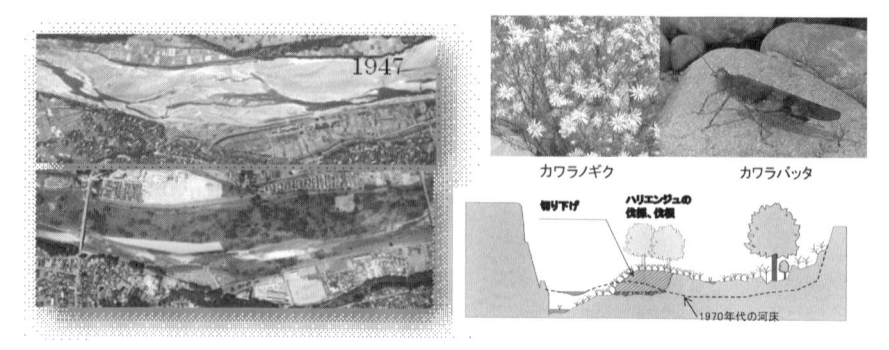

図16-1 多摩川の河原の再生 概念図（左写真：永田地区全体が樹林化している様子がわかる。高水敷を切り下げて河原を再生した）

図16-2 再生された河原

の河床は低下し、右岸側には高水敷が形成され土砂が堆積し、3m程度の段差が生じた。横断形状は、平坦な形から複断面へと変化した。高水敷は、ハリエンジュの林となり、河川景観は一変し、ホオジロ、ムクドリなど林や都市に依存する鳥が増加した。その一方で、かつて見られた礫河原の生き物は減少した。特にカワラノギクに関しては多摩川での存続が危ぶまれるまでに激減した。

扇状地を流れる河川やこれと同程度の河床勾配（河床勾配 1/60〜1/400）をもつ礫床河川では、洪水時に、流路や砂礫堆が移動し、植生帯が流失しやすいため、裸地の礫河原が再生・維持される。礫河原は、このような扇状地河川を特徴づける重要な環境であり、礫河原に依存して生育・生息する生物にとっての生息場として機能している。このような礫河原の減少と樹木の増加、そして河原に依存した生物の減少は、多摩川だけでなく、国内外の多くの河川で抱えている課題であり、近年、礫河原を再生させる取り組みが行われている。多摩川永田地区の河原再生はその先駆的事例である。

永田地区では、2001 年より高水敷の樹木を伐採し、堆積した土砂を掘削して高水敷を切り下げ、低水敷を拡幅し、礫河原を再生するための取り組みが行われた（図 16-1、16-2）。また、出水時に植物が流失するために必要な掃流力を確保し、再生された河原を維持するために、上流に土砂を敷設し、土砂供給量を増加させる土砂投入が行われている。この投入に当たっては、土木研究所が将来の河床変動予測を行っている。河原の再生によって、現在、カワラバッタやイカルチドリなどは増加し、2002 年に 20 株までに減少していたカワラノギクは、研究者や市民による播種や外来植物の抜き取りなどにより、数万株まで回復している。

永田地区における礫河原再生の概念を図 16-3 に示した。この図は、過去から現在に至る人為的インパクトとそれに対抗する自然再生の行為を図式として示したものである。外側の丸が現状を内側の丸は生物多様性を保持できるラインを概念的に示している。

「江戸時代」の図には、インパクトとして砂利採取、玉川上水による取水、水田開発などが示されているが、河道の特性、生態系や生物多様性に変質をもたらすほど大きくはなかったと考えられる。図の〇印の外側までしか人のインパクトは及んでおらず、生物多様性は影響を受けていないことを示している。

「高度成長期」になると、流域の都市開発により水質は悪化し、小河内ダムの完成によって流量管理が徹底して行われるようになり流況の平滑化が進んだ。特に羽村取水堰の下流に位置する永田地区の流量は、羽村堰による取水の影響を大きく受け、流量がほとんど流れていない期間もあった（現在では放流量が増やされ、出水時を除き $2m^3/s$ の一定流量が流下している）。併せて、土砂採取により河道から大量に土砂が採取され、加えて砂防ダム、大型の堰の構築、上流部での

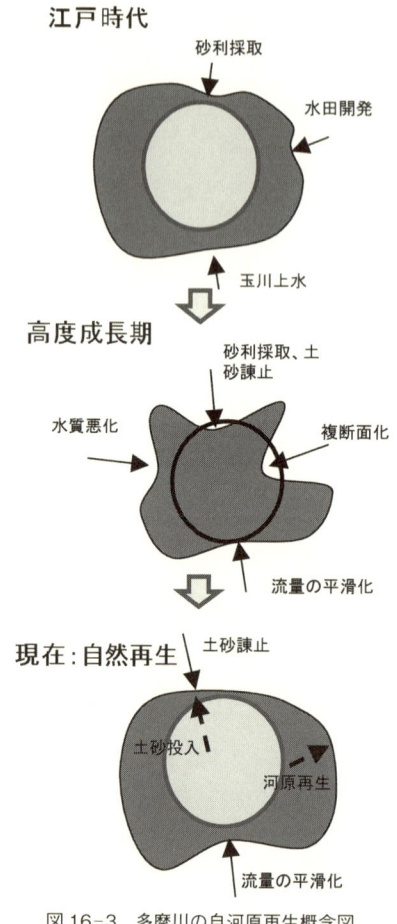

図16-3　多摩川の自河原再生概念図

河道拡幅などにより、上流から供給される土砂量は半減した。これらの人為的改変により、河道は複断面化し、ハリエンジュは増加した。その一方で、礫河原は減少し、カワラノギクをはじめとする河原依存の生物が大きな影響受けたのである。図では○の内側に現状の環境がくい込み生物多様性が損なわれている状況を示している。

　樹林化圧力に対抗するため、樹木の伐採、高水敷化した陸部の切り下げ、河原

を造成し、出水によるかく乱頻度を向上させるなど等の河原の造成が行われた。水質に関しては、高度成長期に比べ改善されたが、上流からの土砂供給量は減少したままである。河原を造成しただけでは、維持されず、植生が繁茂し、樹林化する可能性が高く、対象区間の上流には土砂を敷設することにより、土砂供給量を増加させる管理が行われている。最下の図は、○の外側まで環境が改善されたことを示している。

　以上のように、永田地区で行われた礫河原再生を例に一連の自然再生のプロセスを示したが、自然再生とは、人為的インパクトを取り除こうとする行為であること、しかし全ての人為を取りさることは困難な場合が多く、場合によっては再生された環境の生態的機能を維持するために維持管理（土砂投入など）が必要であることを示した。

　さて、維持管理をしてまで、自然を再生しなければならないのかという疑問が残るであろう。これについては、ケースバイケースであると思う。例えば、コウノトリやトキの野生復帰は、新しい地域の在り方としてこれらの野生動物との共生をあげ、人の暮らしそのものを見直そうとしている。これらの取り組みは、再生された自然を維持するための仕組みも組み込まれた再生と言えるであろう。また、水田稲作は2000年以上にわたって、氾濫原湿地の役割を果たしてきた。米作りを通して湿地的機能が維持される仕組みが組み込まれていたのである。再生された自然の持続的な維持は、自然再生を行うときの重要な視点であると考えている。

3. 水田の再生—佐渡島を例に

　水田の再生に関しては、他の書籍に詳しく述べられているので、詳しく述べないが、ここでは佐渡島で行われているトキの野生復帰に関する研究で得られた知見についてお話ししたい。

　トキは、かつて日本の多くの場所でみられた水辺の鳥である。徐々に個体数を減らし最後の生息地である佐渡島では、1981年最後の5個体が捕獲され飼育化におかれた。2003年、キンの死亡により日本のトキは絶滅し、現在では中国からもらいうけた3羽のトキの子供が100羽以上に増え、2008年より野生復帰に向けた試験放鳥が行われている。

図16-4　中国に見られる江

　九州大学、新潟大学、東京大学、埼玉大学、東京工業大学、山階鳥類研究所、国立環境研究所のチームは2007年より3年間、環境省地球環境研究総合推進費「トキの野生復帰のための持続的な自然再生計画の立案と社会的手続き、代表島谷幸宏」を行ってきた。
　当初、野生のトキに関する日本の情報はほとんどなく、中国からの情報に基づき研究を計画した。ドジョウ、カエル、バッタなどの餌生物量が佐渡島に一体どの程度いるのか？（ミミズや貝もよく食べることが放鳥後、分かっている）どの場所をどのように再生すればよいのか？　それを実際に進めるためには社会的にどういう課題があり、どのように進めればよいのか？　などの課題について研究を実施した。
　トキは水田を主なえさ場とする水辺の鳥類であり、水田の生物資源量がトキの野生復帰のカギと考えられた。水田の課題として、河川—水路—水田の連続性が図られていない、中干しのためにドジョウなどの生き物が水田に定着できない、冬季乾田化のために冬場生き物が水田で増えないなどが考えられた。中干しとは、稲の穂が出始める1から1.5カ月前に水田を干す作業のことで、稲の分結を防ぎ、土に酸素を送り込むなどの効果を期待して行われる。
　なお、江とはトキが生息する中国陝西省の水田でみられる、水田沿いの素掘りの深い溝のことである（図16-4）。中干し時にもドジョウなどの生物はこの江で生息し、現存量を維持することができる（図16-5、16-6）。

図 16-5　中国の水田で餌をとるトキとコサギ

図 16-6　再生された佐渡島の江

　新潟大学の関島さんたちの研究グループが、水田に江を設置した時の効果、冬季湛水の効果をドジョウの現存量を調べることによって明らかにした。江や冬季湛水はドジョウの現存量を数倍にも増加させることが明らかとなった。江の設置や、冬季湛水は生物量を増加させるのに有効な手法である。
　また、ドジョウなどの魚にピットタグと呼ばれる小さな起振器を埋め込み、読み取りゲートを通った時間を調査した。その結果、河川ではウキゴリを除く魚は、雨の時に過半数の魚が移動していることが明らかとなった（図 16-8）。また、ドジョウは水温が高い時期の増水時の夜に通過し水田へ侵入していた。中でも、増水の影響は大きいという結果であった。
　これらの結果は、過半数の魚は雨の時に昇るため、魚道には必ずしも常時水を流さなくてもよいことを示している。魚道設置の困難さの1つが水の確保である。水田の水を常時魚道に流すことは、水利上難しいことが多々ある。雨が降っ

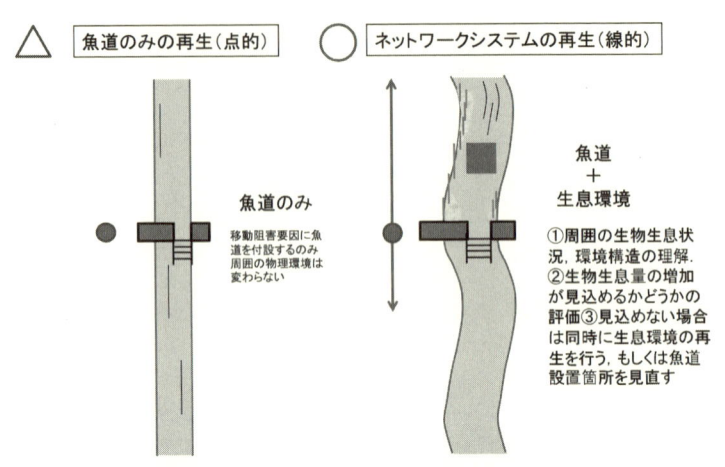

△ 魚道のみの再生(点的)　　○ ネットワークシステムの再生(線的)

魚道のみ
移動阻害要因に魚道を付設するのみ周囲の物理環境は変わらない

魚道＋生息環境
①周囲の生物生息状況，環境構造の理解．②生物生息量の増加が見込めるかどうかの評価③見込めない場合は同時に生息環境の再生を行う，もしくは魚道設置箇所を見直す

図16-7　魚道の再生と河川の生息環境の関係（魚道の設置のみでは魚類の再生は限定的であり、生息環境の改善も合わせて実施することで大きな効果をあげることが可能である）（山下 2010）

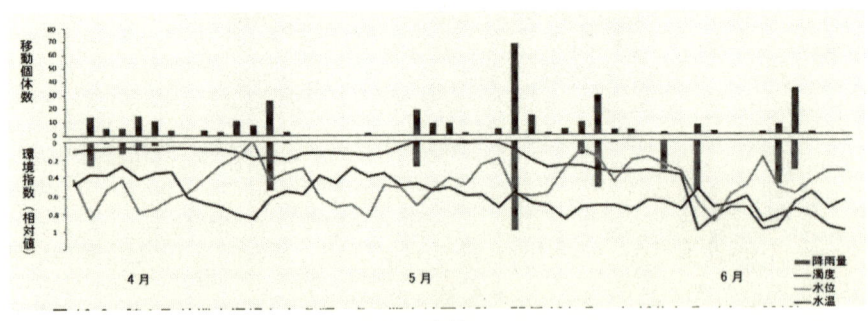

図16-8　読み取り機を通過した魚類
　　　　魚の遡上は雨と強い関係があることが分かる（山下 2010）

た時だけ水が流れる魚道であれば、設置できる場所は増えると思われる。興味深い成果である。

　また、小河川の魚道研究では、魚道を設けただけでは河川の魚類現存量は多くならないことが明らかとなっている。同様に、冬季湛水田や江のある水田などに魚道を設置すると水田のドジョウの現存量は大幅に増加するがことが明らかとなっている。これらの結果は、魚道の設置と環境再生をセットで考えなければならないことを示している。

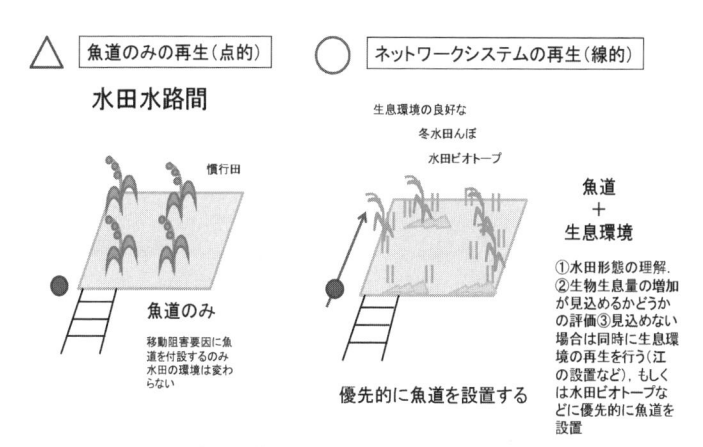

図16-9　水田魚道の設置と水田環境との関係（山下2010）

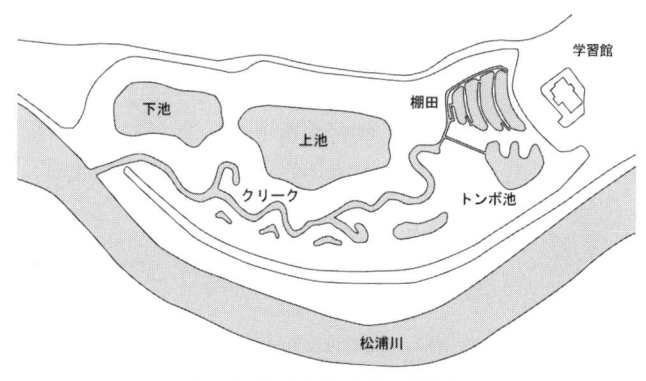

図16-10　アザメの瀬　平面図

4. 河川の再生—アザメの瀬を対象に

　佐賀県の唐津市を北流する1級河川松浦川の中流部でアザメの瀬自然再生事業が国土交通省により行われた。松浦川河口から15.8km地点に位置し、延長約1000m、幅約400m、面積約6.0haの湿地が再生された。アザメの瀬は、大小複数の池、河川本流と接続しているクリーク、棚田状の水田、およびそれらの周りの湿地、学習館によって構成されている（図16-10、16-11）。再生目標の設定およびアザメの瀬の計画立案は、徹底した住民参加により行われており、実現した計画案には、住民の意見が強く反映されている。

図16-11 アザメの瀬
下池から学習館を眺める

図16-12 田植えをする子供達

　松浦川中流部は、比較的自然が豊かな農村地帯であり、事業当初、自然再生事業に地域住民の賛同が得られるかどうかが心配された。しかし、多くの住民は、過去に比べて生物が大幅に減少していることを残念に思い、自然再生を希望していた。彼らは水田や河川で魚貝類を採って遊び、生物と触れ合っていた。その遊びは年長者から年少者へと伝えられ、生き物を介して人と人のつながりがあった。遊びで採った魚貝類は、生活の糧にもなった。当時の水田はいったん雨が降れば川からの水で水没し、多くのナマズやフナ、ドジョウが産卵に来ていた。しかし、現在では河川改修による河床の低下、圃場整備による水路の人工化などにより川と水田のつながりはなくなり、それらの魚貝類は激減し、それと同時に人と人のつながりも薄くなっていったのである。

　そこで、アザメの瀬では、水田の標高を切り下げ松浦川とアザメの瀬の水の連続性を再生した。出水の時には、アザメの瀬の下流部の切れ込みから水が流入し、その水に乗って多くの魚が産卵に来る場を再生した。子供たちに米作りを経験させようと棚田が計画された。川と湿地をつなげることにより、人と生き物のつながりが再生され、人と人のつながりも再生される。つながりの再生が目標とされたのである。

　2010年4月現在アザメの瀬は、竣工から約6年が経過している。モニタリング調査では、アザメの瀬内には32種の魚類が確認されている。ナマズ・フナ・コイ等の産卵や、氾濫原依存種であるヌマガイ・バラタナゴ属の生息も確認されており、氾濫原の機能が再生されていることが確認されている。日本における数少ない氾濫原湿地再生事例として、学術的にも重要な知見が得られている。

小学生を対象とした環境学習体験などの活動も、竣工後継続的に実施されており、人と自然の触れ合いについても再生されつつある。地元にはNPO法人アザメの会が誕生し、小学生に田植えや魚とりを教えている。湿地を再生することにより、魚類が戻り、人と人の触れ合いが戻ったのである。

　アザメの瀬では継続的に住民が主体となった活動が行われている。実施されている主な活動は、(1) 子供を対象とした環境学習、(2) 整備前から行われている伝統行事、(3) 植生管理や清掃の3つである。

(1) 子供を対象とした環境学習

1) 田んぼの楽校

　アザメの瀬の水田(学習田)が2006年に竣工されて以来、小学校の「総合的な学習」の時間を利用して、5年生を対象に米作りが行われている。6月に田植え、8月に田の草取り(田んぼ内の除草作業)、11月に稲刈りを行い、稲作に必要な一連の作業を子供たちが体験・学習できるスケジュールとなっている。また、12月には収穫祭として、自らが育て収穫した米を食べるイベントが実施されている。これらのイベントに加え、小学生には、農業従事経験者(地元住民)による稲作に関する講義も行われている。

　田んぼの楽校での、小学生に対する一連の指導や内容の考案は、全てアザメの会を中心とした地元住民によって行われている。河川管理者は安全管理や指導補助を行っている。

2) 魚捕り環境学習教室

　小学校4年生を対象として、2校に対して年に各校1回実施されている。田んぼの楽校と同様に小学校の「総合的な学習」の時間を利用して、授業の一環として実施されている。

　伝統漁法や魚の種類についての講義が行われ、その後アザメの瀬の池やクリークにおいて、魚捕りを行うという内容で実施されている。講師は、アザメの会の会員が務め、河川管理者が安全管理や指導補助を行っている。環境学習教室は、安全のため4年生以上の学年を対象として実施されているが、地元の低学年の児童からは、「はやく4年生になって教室に参加したい」という声が多く聞かれており、小学生にとっても楽しみなイベントとして捉えられている。

3) 大学生による夏休み環境学習教室

2008年より、毎年夏休み期間である8月に実施されている。この環境学習教室では、周辺の子供たちだけではなく、インターネット等を通じて広く参加を呼び掛けている。2009年度には、福岡県や長崎県からも参加があった。本環境学習教室は、アザメの会、河川管理者、九州大学流域システム工学研究室を加えた3機関の主催により実施されている。

(2) 伝統行事

1) イダ嵐

松浦川流域では、ウグイをイダと呼んでいる。イダは春一番が吹くころの増水に伴って、産卵のために松浦川を遡上する。イダ嵐とは、この春一番の時期に起こる風雨のことを指す。アザメの瀬周辺の地区では、遡上するイダを食べる習慣があり、地域の人々は季節の風物詩として楽しみにしている。アザメの会では、イダの遡上産卵の様子の観察会や、地元の釣り名人が釣り上げたイダを食べるイベントを実施している。なおアザメの会と小学校との交流が始まったのは、2003年3月のイダの遡上産卵の観察会からである。

現在このイダ嵐は、アザメの瀬の活動に参加している関係者の慰労会兼送別会も兼ねて行われている。

2) 堤がえし

「堤がえし」は、農業用の溜め池（堤）の水を抜き、堤防の手入れを行うとと

図16-13 堤がえしに喜ぶ子供

もに、池の魚を捕って食べるという農閑期（10月）の伝統行事である。

アザメの会発足後、堤がえしには、周辺小学校の児童が参加して実施されている。捕獲した魚は地元住民の手によって、鯉こくなどに料理され、参加者全員にふるまわれた。

(3) 植生管理・清掃

アザメの瀬地区において実施されている主な植生管理活動は、草刈りである。アザメの瀬では、生物の生息場としての機能を維持するため、大部分のエリアの植生は自然状態で放置されている。しかし、学習センター（管理棟）周辺や市道沿い、水田周り、環境学習で利用する湿地周辺など、人為的な利用が多い場所における植生については、草刈りなどの管理を必要とする。これら草刈りを必要とする場所は、アザメの瀬全体に占める割合は少ないものの、距離延長にして1kmを超えており、管理にかかるコストや労力は多大である。

アザメの瀬地区では、これらの草刈りが、全て地元住民の手によって実施されている。草刈りには、アザメの会の会員を中心に毎回20～30名程度の参加があり、半日程度の時間をかけて行われる。草刈りは年に7回ほど実施されており、特に環境学習などのイベントの前には、安全確保のため必ず実施されている。したがって、植物の成長がはやく、環境学習などのイベントも多い夏場には、月に2～1回の頻度で実施されている。

草刈りのほかには、水害防備林としての機能を持つ竹林や、湿地植生としてのヤナギなどの植樹活動も住民の手によって行われている。

河川における維持管理活動は、一般的に河川管理者が主体となって実施する場合が多い。特に植生管理については、予算を管理している河川管理者が、業者に発注して実施するケースが一般的である。アザメの瀬においても、一部の植生管理は河川管理者がアザメの会に業務委託するという形で実施されているが、それとは別に、住民による自主的な植生管理が頻繁に実施されている。委託されている業務内容は、管理棟周辺の面積1,900m^{2}の草刈りを年4回、および管理棟周辺の清掃である。しかし実際には、草刈りはアザメの瀬内で人の利用頻度の高い場所全て（面積約20,000m^2）を対象として、年に7回実施されている。つまり実施されている草刈りのうち約95％はボランティアという計算になる。

住民が主体的に維持管理活動を行う理由について、ヒアリングを行った住民らから得られた回答は、1）計画段階からの住民参加、2）対外的評価、3）子供たちの取り組みへの参加、などの意見が大半を占めていた。

1）計画段階から管理段階までの徹底した住民参加

アザメの瀬自然再生事業では、事業計画段階から徹底した住民参加による計画立案・実施を行っており、月に1回程度の割合でアザメの瀬検討会を実施している検討会は2001年11月に開始され、その回数は、2010年4月現在までに計88回を記録している。

この検討会を通じて住民らは、アザメの瀬の計画策定から、維持管理体制、整備後の活用方法などについて、議論を重ねている。その中で、アザメの瀬は自分たちで望んでつくられた場所だとの認識が住民の間の総意となっている。ヒアリングでは、「自分たちが話し合いを重ねて、望んで作られた場所だから、その維持管理は自分たちで責任を持って取り組んでいる」との内容の回答が多く聞かれた。

このように、徹底した住民参加で検討会を実施してきたことが、維持管理活動が住民主体で取り組まれている1つの要因となっていると考えられる。ただし、アザメの瀬のケースでは、住民参加の検討会の実施手法に様々な工夫や努力を凝らしている。検討会の実施手法は、住民主体の維持管理体制の確立に重要な役割を果たしている。

2）対外的評価

アザメの瀬自然再生事業は、2007年度九州川の日ワークショップ最優秀賞、2007年度土木学会環境賞を受賞しており、事業内容や竣工後の取り組みが、社会的に高く評価されている。これらの賞の受賞についてヒアリングでは、「誇りに思う」「頑張って活動を積み上げてきた甲斐があった」などの回答があった。特に九州川の日ワークショップでは、地元住民自らがアザメの瀬における取り組みを発表して、最優秀賞を受賞していることから、「特にうれしい」という回答があった。また、アザメの瀬では、自然再生フォーラムと題し、学識者を招いたシンポジウムが定期的に実施されている。

2008年11月に実施されたフォーラムでは、外部の学識者からみたアザメの瀬の価値や、九州大学によってアザメの瀬で実施されている研究成果が住民に対し

て報告された。フォーラムに参加した住民からは、「自分たちが管理しているアザメの瀬が、学術的な対象として評価されていることを誇らしく思う」「日ごろ当たり前に利用している場所の価値が高く評価されていることに驚いた」などの意見が聞かれた。これらのことから、アザメの瀬が外部から評価されることは、地元住民が自主的に維持管理に関わるモチベーションとなっていることが確認された。

3) 子供たちの取り組みへの参加

「子供たちのために、一連の活動を行っている」という趣旨の意見は、ヒアリングを行った全ての住民から聞かれた。この意見は、子供を対象としている環境学習についてだけではなく、草刈りなどの活動を主体的に実施する理由としても挙げられていた。特に草刈りについては、多大な労力を必要とする上に、楽しい活動ではないので、住民に敬遠される活動であるが、「子供たちが安全に環境学習教室に参加できる環境を整えてやりたい」などの理由によって、自主的に実施されている。また、「子供たちの成長や笑顔を見られることができるのが、何よりのモチベーションだ」という意見も多く聞かれた。

アザメの瀬の事例のように、自然再生は地域づくりへと発展する可能性を秘めている。そのためには、地域の住民が主体的にかかわることができることが重要である。自然が帰ってくることは大人にとっても子供にとっても楽しい。アザメの瀬は河川用地であるためだれでも自由に使うことができ、子供たちも自由に生物を採取することができる。小学生低学年の子供でも10種類以上の生き物を簡単に採ることができる。子供が採ったぐらいでは生物量に影響を受けることがないぐらい生き物が豊かである。自然再生のだいご味は子供が生き物をとった時のうれしそうな顔とそれを見ている大人たちの満足そうな笑顔である。

【島谷 幸宏、林 博徳、皆川 朋子】

コラム　　　　　大和川の自然と触れ合いの思い出

　筆者は小学校の4年生から、祖父母とともに暮らした愛媛県の村里から、大阪府堺市郊外の田園地帯に建設された住宅団地で家族とともに暮らすようになった。団地から東に2kmくらいのところに大和川が流れており、よ

く父や弟たちと遊びに出かけた。ふるさとの小川に比較して川幅は広く、当時（1954年）は満々と清らかな水が流れ、川底の砂や石もみることができた。毎年5〜6月ころになると、10cmくらいの長さの白いシラスウナギが無数に水面に泳ぎ、川上に向かって身をくねらしながら遡上するのが見られた。網ですくうと簡単に獲れるのだが、手で捕まえようとすると、スルリ、ニュラリと逃げられてしまうのだった。

　川に隣接して水道局の浄水場があり、この川水ならと安心できた。浄水場の周りには大ぶりのオオムラサキ（ヒラドツツジ）が植えられており、5月の開花期だけ市民に開放され、色とりどりの花を楽しむことができた。また、日曜日の早朝には夜明け前に父に起こされ、弟たちと自転車で河口近くまで行き、ハゼやカレイ、キス、ボラなどを釣り、夕食の御馳走となった。

　このように緑なす田園地帯を流れ、里海につながっていた大和川の清流も、高度経済成長とともに流域の急激な都市化と、下水の流入によって汚染され、全国でワースト1の河川になり果ててしまった。また、上流域で飲料水や工業用水が取水されるためか、かつて満々と流れた水も細々としたものになった。川水が汚濁したのみならず、かつての白砂青松の砂浜も埋め立てられて、石油コンビナートになったため、たとえハゼやボラが釣れても、油臭くて食べられないものとなった。

　当時から55年近くたち、また福岡に移り住んだこともあって大和川のことは忘れていたが、先日NHKのTVで、シラスウナギの採集風景が放映されたのを見て、数はずいぶん少なくなったようだが、下水処理の進展で少しは清流も取り戻されつつあるのかと、嬉しくなった。

【重松　敏則】

第17章 博多湾の現状と市民参加による里海再生

1. 博多湾の概要および情報公開

　博多湾は、太古の昔から物流や文化交流の拠点であるとともに、漁業生産の場、海水浴（図17-1）・潮干狩りなどの親水・レクリエーションの場としても利用され、野鳥をはじめ様々な生物の生息・生育の場となっている。しかしながら、もともと博多湾は湾口が狭く水の交換が悪い閉鎖性水域（東西に約20km、南北に約10km、海表面積134.2km^{2}の海の中道と糸島半島により囲まれた東西に長い楕円形をした閉鎖性の内湾：図17-2）でもあり、周辺の都市化に伴って環境負荷が増大し、窒素・リンなどの栄養塩類が底部に蓄積し、夏場には貧酸素水塊が発生し環境は悪化してきている。

　湾内の水深は、湾奥部が5m以下と浅く、湾中央部は概ね5～10m、能古島よ

図17-1　1960年代の百道海水浴場
百道海水浴場跡碑にて撮影

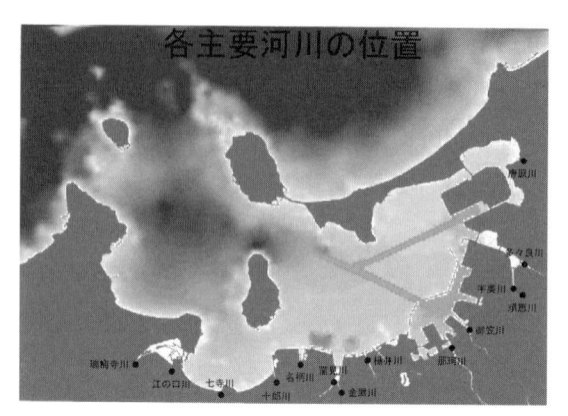

図17-2　博多湾の概略

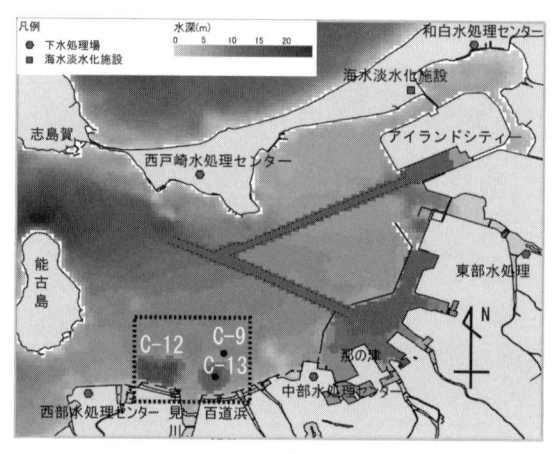

図17-3　博多湾内の等水深図

り西の湾口部は10〜20m、平均水深は10.5mであり、海底は、湾奥部から湾口部に向かってなだらかに傾斜している。湾中央部には、博多港に通じる水深12mの中央航路、湾奥部の香椎パークポートにも中央航路から水深12mの東航路が整備されており、東航路については水深14mへの掘削が進められている（図17-3）。

　博多湾およびその周辺（市域）の海岸線の延長は約136kmであり、自然海岸、半自然海岸、人工海岸がそれぞれ3分の1ずつを占めており、志賀島、海の中

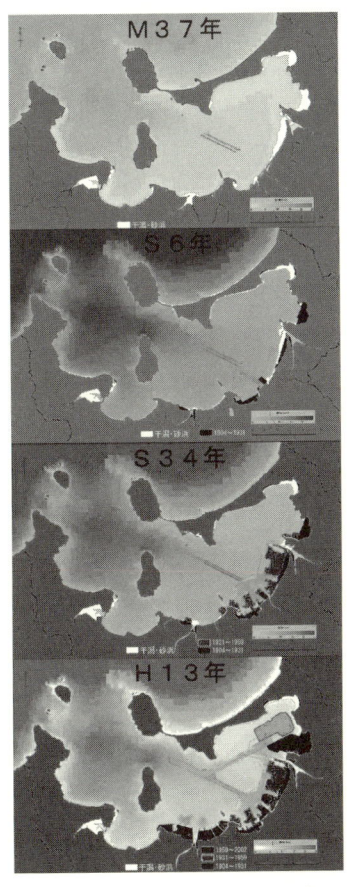

図17-4　100年間の博多湾地形変遷

道、和白干潟、今津干潟、マリンワールドやシーサイドももちなどの海浜公園やレジャーランドが立ち並んでいる（図17-4）。さらに港湾施設が多く、人や物の移動を支える海上交通の拠点となり、また、豊かな水産資源を提供する漁場として発展してきた。発展に伴い人口も密集し、現在の福岡市都市圏の人口は150万人程度にまでなっている。そのため、生活廃水の流入による汚濁負荷の影響は避けられず、下水道の高度処理などが行われ効果は発揮されてきているが、依然として赤潮や貧酸素水塊が毎年のように発生し、水生および底生生物に大きな打撃を与えている。また、博多湾の開発は東側の箱崎地区や須崎ふ頭付近を中心とした地区から始められ、その後徐々に西側に向かって開発されている様子が分かる。さらに、百地浜の埋め立てに伴って、室見川河口に大きな窪地が左右に2つ存在していることが分かる。これは、海上保安庁が公開している海図をもとにGISソフトを用いて等水深図を描いて初めて明らかになったことである。

　このような博多湾の現況を的確に把握するためには、様々な環境データの蓄積が必要である。さらに、これらの環境データを博多湾再生に向けて市民参加での里海再生などで活用していくためには、データベースとして活用可能な形で整理しておくことだけではなくだれもが簡単に情報にアクセスできる必要がある。そのためには、様々な機関の部署に種々の形式で存在している情報を一括して統合化することが必要不可欠となる。また、蓄積された環境データを活用していくためのツールも必要となってくる。

図17-5　博多湾辞典起動画面

　そこで筆者らの研究室では、「博多湾辞典 ver. 2」（図17-5）という簡易 GIS を用いたデータベースソフトを開発し公開している。この「博多湾辞典 ver. 2」を用いることで博多湾に関心を持つだれもが博多湾の現況をランドスケープアプローチ的視点で理解できるようになっている。この「博多湾辞典 ver. 2」にアクセスしてもらえれば以下に述べる博多湾の現状データをどなたでも閲覧し利用することができる。URL は、http://133.100.206.100/hakatawn/ である。

2. 現状の問題点

　富栄養化（図17-6、17-7）とは、陸域から生活排水などに含まれた窒素、リンなどの栄養塩類が一度に大量に流入すると、これを栄養源とする藻類が光合成を行いながら異常増殖し、有機性汚濁物質となって水質汚濁が進行することである。藻類が死滅すると有機性汚濁物質となって底部に沈積し、底層に酸素があるうちはそこで好気性細菌の分解を受けるようになり、底層の酸素が消費される。この状態が続き酸素が消費され他からの酸素の供給がないと底層には貧酸素水塊あるいは無酸素水塊が形成される（ここでは底生生物にとって生存可能な最低溶存酸素濃度 3mg/L 以下の状態を貧酸素状態、溶存酸素濃度 0mg/L の状態を無酸素状態と定義している）。

　このような過程を経て形成された貧酸素水塊は、強い風や潮の流れの変化など

238

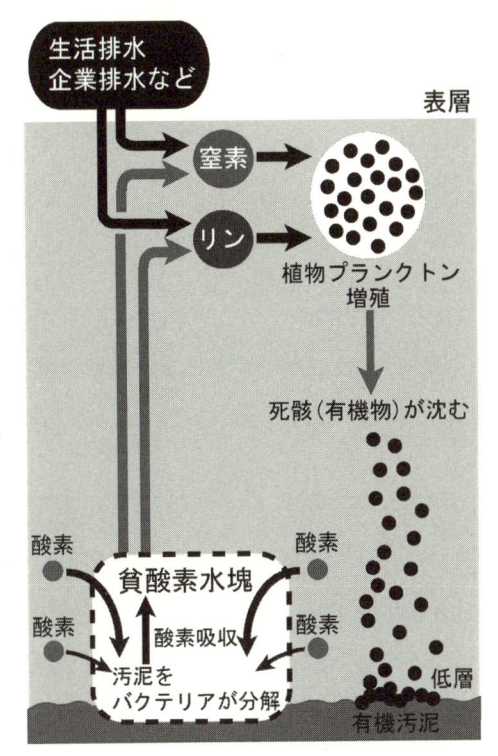

図 17-6　富栄養化のプロセス

に伴い海面付近に上昇してくることがあり、この場合、海中あるいは（主に浅瀬を中心とした）海底に生息する生物の大量死をもたらすことになる。また、水中が嫌気性環境になると、底泥に含まれる還元状態の栄養塩類が溶出するようになり、富栄養化がますます進行することになる。また、底部では嫌気性細菌による堆積有機物質の分解が起こり始め、硫化水素などの悪臭ガスが発生する。このような状態にまで達すると、東京湾等で発生している青潮が博多湾内の窪地においても発生する危険性が増してきている。

閉鎖性水域では海水交換が行われにくく、密度成層が形成されると、底部に酸素供給がされなくなり富栄養化の悪循環が続くことになる。図17-9は、2004年における博多湾内の底部での溶存酸素濃度（水に溶けている酸素の濃度）の分布

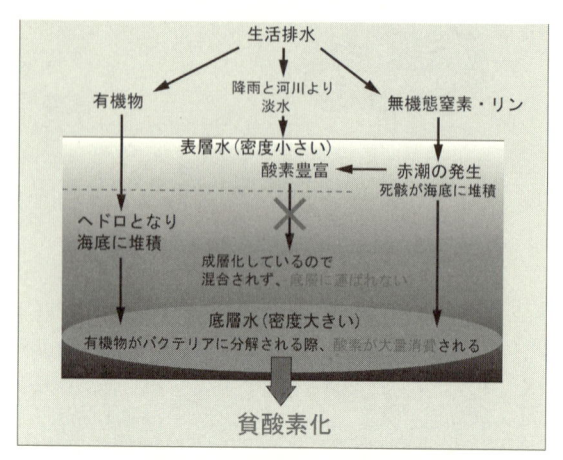

図 17-7　貧酸素化のプロセス

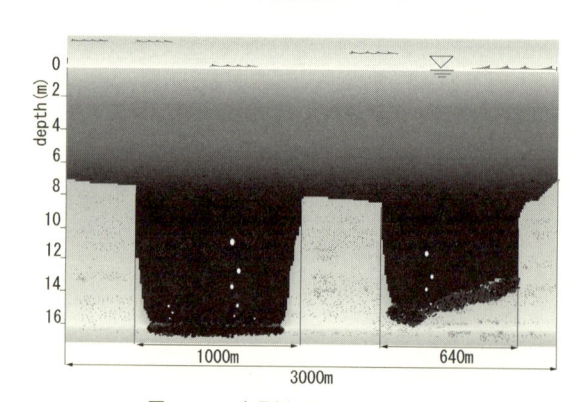

図 17-8　室見川河口沖の浚渫窪地

を表している。この図から、博多湾内においては、まず5月に室見川河口に位置している2つの大きな窪地（図17-8室見川河口に位置する2つの窪地の概要）の中の溶存酸素濃度が低下し始め、6月には窪地の中が貧酸素化している様子が分かる。また、7月になると窪地内の溶存酸素はほとんどゼロとなり無酸素状態になる。この時に同時に博多港内の溶存酸素濃度もゼロに近くなっている様子が分かる。9月になると窪地の中以外の貧酸素状態は解消に向かい、10月になると湾内においてほとんど解消されている状態になっている。このような湾内底部の

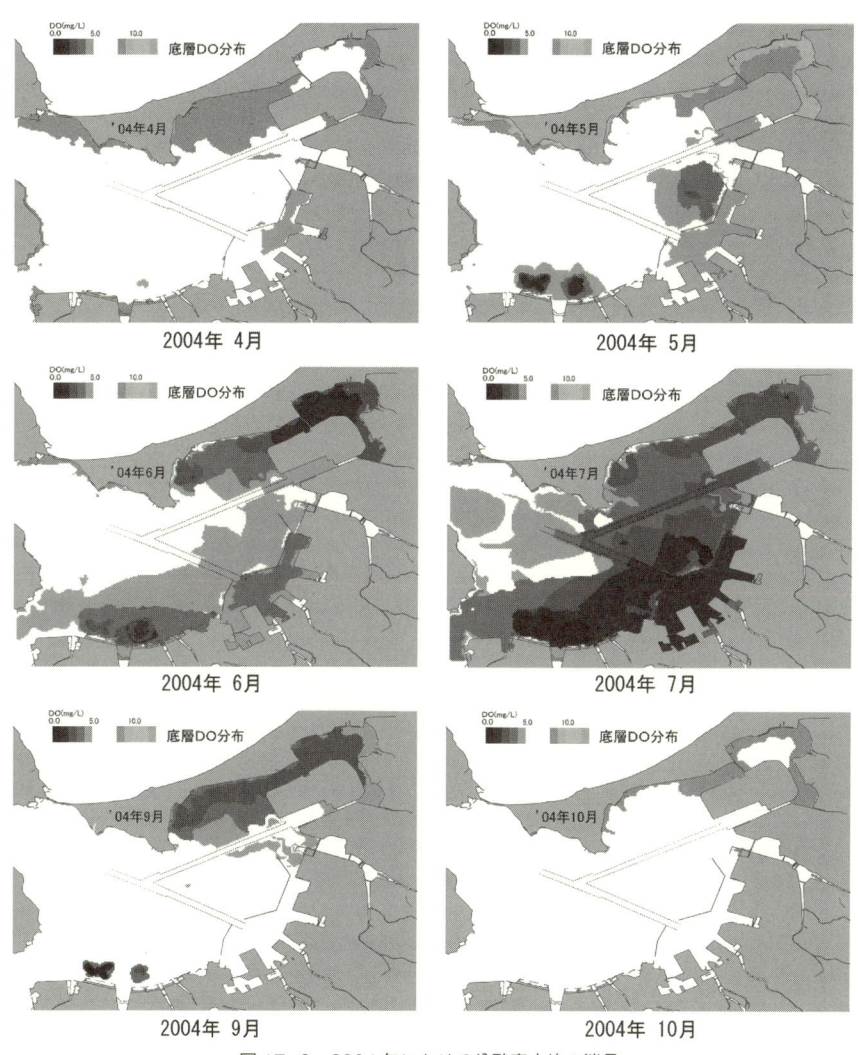

図17-9　2004年における貧酸素水塊の消長

図17-10　汚濁に強いシズクガイ

　貧酸素化は、2000年の調査開始以降、毎年確認されており、特に室見川河口沖の底部の状態は年々悪化してきているのが現状である。毎年のように発生する貧酸素水塊によって、博多湾内の底部に生息する二枚貝類は非常に大きな影響を受けており、この状態が継続すると汚濁に強い種類の二枚貝（図17-10シズクガイ）だけが生息する水域になる危険性をはらんでいる。

　東京湾、伊勢湾、瀬戸内海等をはじめとする閉鎖性海域においては、水質が改善された水域が一部見られるものの、全体的には依然として水環境の改善が十分に進んでおらず、海域によっては貧酸素水塊等が発生している。特に湾奥に位置する場所では、埋め立てなどに利用するための土砂採取によってできた浚渫窪地が存在し、貧酸素水塊の発生の原因になっている。浚渫窪地とは海底から土砂を採取することによって形成された地形であり、自然海底に対して局所的に掘り下げられた海底のことである。浚渫窪地の存在は、海底の土砂を掘削したことにより生物の生息・生産の場を喪失しているばかりでなく、貧酸素水塊の発生源として周辺海域に悪影響を与えているとの指摘もある[1]。博多湾においても、室見川河口沖に2つの浚渫窪地が存在し、湾内の開発に伴う海面の埋め立てなどによる海岸線の変化、航路の浚渫による海底地形の変化が見られる。これらによって博多湾では夏季に貧酸素水塊が発生（図17-11）し、生物生息環境に悪影響を与えている。

　博多湾内の浚渫窪地は、福岡市で一番美しい河川と言われている室見川の河口

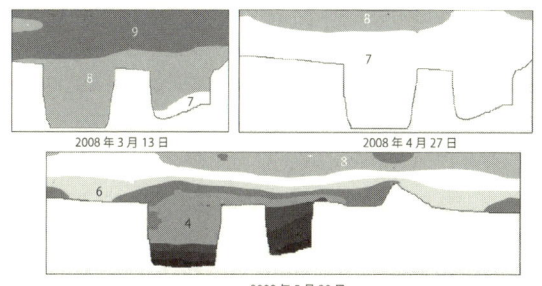

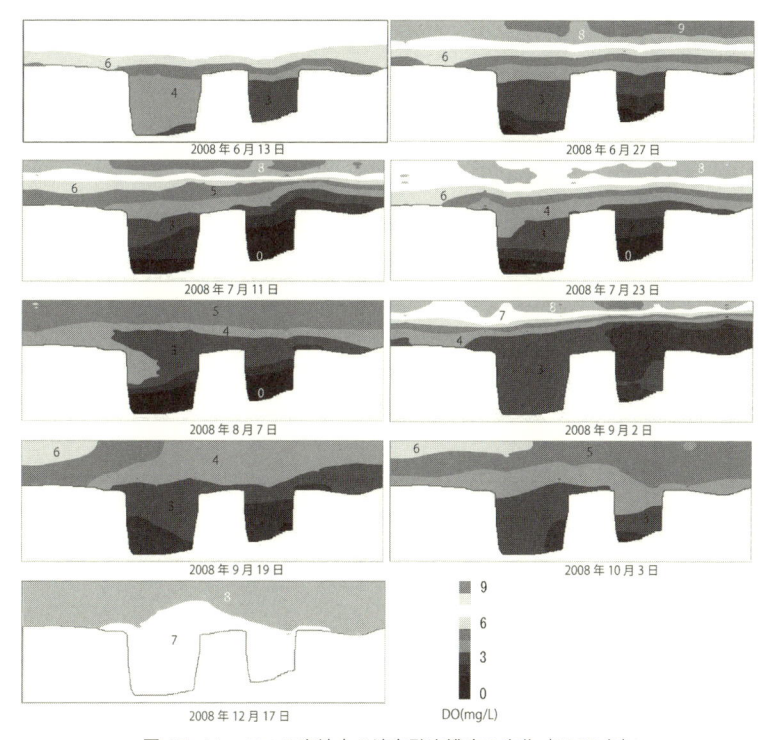

図17-11　二つの窪地内の溶存酸素濃度の変化（2008年）

沖に2つ存在する。これら2つの窪地は、1982〜1986年に施工された百道浜、姪浜地区の埋め立て工事の際、埋め立て材として室見川河口沖の浚渫土砂を使用したために形成された（図17-3参照）。2006年5月には窪地部分における貧酸素水塊解消を目的に福岡市が消防艇を活用し船舶のスクリューによって貧酸素水塊を破壊しようとする実験が行われた。また、現在アイランドシティーに通ずる東航路を14mから15mに浚渫し、その際の浚渫土砂を用いて窪地を埋め戻す計画が立てられようとしている。しかしながら、窪地の埋め戻しに対する2次的な被害の恐れも懸念されており[2]、今後も窪地海域において、詳細な研究が必要であるといえる。

3. 里海とは

里海とは、「人手が加わることにより、生産性と生物多様性が高くなった沿岸海域」[3]と定義されている。博多湾は九州大学の柳先生が定義された『里海』にぴったりの沿岸海域であると考えられる。しかしながら、博多のまちは元々、水の供給に難を抱えている地域であり、これまでに幾度となく大きな渇水にさらされてきた歴史を持っている。このため、福岡市民の生活水を確保するため筑後川からの導水が1983年に開始され福岡市民の使う水の約30％の供給を受けている。また2005年からは、日量5万t程度を供給することを目的とした海水淡水化プラントも稼働し始めて、渇水に対する危機に備える手立てを整えている。これに伴って、福岡市民の使った生活水は、川を経ることなく下水処理場に集められ下水処理された後、そのほとんど全て（例外は流域下水道のみ）が、川を流れずに博多湾に直接放流されている。このため、生活水に含まれている窒素・リンが多量に博多湾に流れ込むことになり、博多湾で赤潮による被害が頻発するようになってきた。そのため、下水処理場における高度処理を福岡市が導入し、下水中に含まれる窒素・リンを除去するようになり、博多湾の富栄養化に伴う赤潮の発生は改善傾向を示している。最近では、特に冬場に博多湾内でリンが不足する傾向にあり、アオサの大発生の原因ではないかと考えられている。

下水道の高度処理化が進んだことにより、博多湾の里海化は前進するかのように思われるが、前節でも述べたように博多湾には2つの大きな窪地が室見川河口沖に存在し、毎年夏前から窪地の中の貧酸素化が進み、この窪地の周辺に貧酸素

化した海水が溢れだしており、博多湾の底生生物に大きな影響を与えている。解決策としては、この窪地を埋め戻すことが必要となってくる。しかしながら、いろいろな利害が対立する水域において、窪地を埋め戻し、環境再生を達成するには多くの困難が予想される。やはり、福岡市民の多くの人々にこの状況を理解してもらい、次の子供たちの世代に里海として、博多湾を引き継いでいくことが可能な市民参加型の活動が重要となってくる。

4. 市民参加型の里海再生

　これまで述べてきたような博多湾の現状をどのくらいの市民の方々が理解していたであろうか。おそらく行政の職員やコンサルタント業務を職業とされている方や大学の研究者などがそのデータを蓄積し、博多湾の現状を憂いている程度ではないだろうか。この様な状態から市民参加型で博多湾を里海へと再生していくためには、まず現状を正しく理解する必要がある。環境問題は、非常に多くの要因が絡まりあった現象であるため、ある1点だけに着目すると本質を見失ってしまう傾向にある。私も大学で環境について教える時には、まず「風が吹けば桶屋が儲かる」という江戸時代の諺を例に引いて説明している。この諺は、環境問題を解決していくときに非常に大切なキーワードである。「風が吹けば桶屋が儲かる」の意味を大学生に質問すると、「台風が来て、屋根が飛ばされると雨漏りがするので桶が必要となり桶屋が儲かる」と解釈していることがわかる。筆者も最初は、そのように考えていたが、実は『風が吹くと砂塵が舞う、そうすると目に砂塵が入り、目が悪くなる人が増え、盲人が増える。盲人が増えると、三味線の弾き語りを生業とする人が増える。三味線の弾き語りを生業とする人が増えれば、三味線が売れる。三味線が売れると猫の皮が必要となる。猫の皮が必要となれば、まちから猫がいなくなる。猫がいなくなると鼠が増える。鼠が増えると桶をかじる。桶がかじられると使い物にならなくなる…桶屋が儲かる！』なのである。これは、目の前で起こっている環境問題を解決していくときにとても重要な発想となる。つまり、目の前の状況を正確に理解するためには、連鎖して起こりうる様々な事態を予測し、解析していくことが必要となる。

　つまり、博多湾を市民参加のやり方で再生していくためには、まずみんなで現状を正しく理解し、何が影響して現在の状況が引き起こされているかを冷静に考

える必要がある。博多湾のことに関心を持っているだれもが、博多湾の現在の状況を知るための環境データにアクセスし、ランドスケープアプローチ的な物の見方が可能となる環境を整えることがとても重要である。そのためには2節で紹介した「博多湾辞典 ver. 2」のようなだれもが操作できるツールを用いて、リアルタイムに環境データを把握する必要がある。何故、リアルタイムでなければならないのか。それは、現状の環境は常に変化しているからである。このような環境データを個人で管理し運営していくことは非常に大変だが、現状では、筆者たちの研究室の学生が様々なデータを更新し続けることでこの博多湾辞典は機能している。本来、行政サイドがこのような機能を維持管理して、全ての市民に公開するのが理想であると考えるが、現状ではなかなか理解してもらえていない。このデータを収集する作業量は非常に大変なものであり、かつ筆者たちの研究室独自で行っている調査に関しても限界があると考えている。

　実は、この「博多湾辞典 ver. 2」には、まだ使っていない機能がある。それは、環境データを得た各市民が自分でデータをアップロード（更新）できる機能だ。この機能が使えるようになれば、各市民団体が観測したデータを「博多湾辞典 ver. 2」上に書き加えることができ、さらに精緻な博多湾のデータを市民で共有していくことが可能となる。この市民みんなで書き込める環境データの共有化が現実のものとなれば、博多湾を里海として再生していく第一歩となると確信している。

【渡辺　亮一】

第18章　音楽を通した市民活動の展望

1. 音楽活動の現場から

　筆者はこれまでに、小学生を対象としたコンサートや高齢者福祉施設での訪問演奏、公共文化施設でのオペラ入門講座など、多様な聴衆を対象にした演奏・講演活動に携わってきた。

　本章では、筆者が上記の活動の中で感じてきたことを手がかりに「文化」と「自然環境」の関係を論じ、持続可能な社会を展望して音楽活動の現場から何ができるかを考えてみたい。

(1)「日本の歌」に詠まれた情景

　高齢者を対象にしたコンサートでは、季節に合わせた唱歌や童謡など、いわゆる「日本の歌」を演奏すると非常に喜ばれる。

　例えば福祉施設では、表情に乏しかった人達が演奏を聞いて「懐かしい」「昔を思い出す」と感想を述べたり、目を輝かせたり涙ぐむというような表情の変化を見せる。また、別の曲を思い出してリクエストしたり、歌詞が何番も続く歌を全て諳んじて歌ったりと、様々な反応が見られる。このような「日本の歌」に対する高齢者の反響については、筆者の周囲でも多くの演奏家が体験しているようだ。

　それでは、なぜ高齢者に日本の歌が受けるのだろうか。

　日本の歌には四季や情景を歌った歌、里山の季節の風物詩を詠んだ歌が数多くある。

　例えば「夕焼け小焼け」の歌詞には、夕暮れまで子供達が遊び、寺の鐘が聞こえ、烏が鳴いたら家に帰る、というのどかな情景が詠まれている。「茶摘み」の歌詞には、かつて日本各地で盛んに行われていた手作業での茶摘みの光景が詠ま

れている。

　しかし、これらの歌に詠まれた風景の多くは、現代の都市部での生活ではもはや見られないものになっている。「日本の歌」が作曲され、盛んに歌われていた時代から約半世紀以上のうちに、日本人の日常の風景、生活スタイル、人々のかかわり方が大きく変化したことを実感する。

　高齢の人々にとって「日本の歌」を聴くことは、当時よく耳にし、口ずさんだ歌に対する懐かしさを喚起すると同時に、歌詞の内容が彼らの原風景や故郷、家族など慣れ親しんだものへの郷愁を呼び起こすものなのではないだろうか。

(2) 現代の子供達を取り巻く環境

　一方、現代の子供達は「日本の歌」をどのように聴くのだろうか。

　日本の子供達を取り巻く生活環境の変化は著しい。都市化が進んだ反面、空き地や畦道のような遊び場が減少し、外遊びよりも屋内での遊びが増えたこと（遊び空間の変化）、様々な年齢の子供達が一緒に遊ぶ機会が減少したこと（遊び方の変化）、放課後は塾や習い事で忙しく過密なスケジュールで一日を過ごしていること（生活スタイルの変化）、地域の大人が子供を見守り、ともに育てるというコミュニティの衰退、携帯電話やパソコンの普及に伴うコミュニケーションの変化などが指摘される。

　現代の子供達が日本の歌に詠まれたような「のどかな風景」の中で生活していないことは明らかであり、何らかの体験学習を経ない限りは、歌の情景を自ら想像したり、歌に共感を覚えたりすることは難しいと思われる。

　また、音楽の継承という面でも、現代では親から子、子から孫へと歌を歌い継いだり、子供同士でわらべ唄などを歌って遊ぶことが少なくなったのみならず、小中学校でも音楽の時間が減少するなど、子供達が子供時代に「日本の歌」に接する機会は極めて限られているのが現状である。

　確かに、いつの時代にも歌には流行があり、ジャンルの多様化や情報流通の高度化による文化の栄枯盛衰は避けられない面もある。また、戦後の急速な経済成長に伴う産業構造の変化を経て日本が豊かになったことの素晴らしさは否定しがたい。

　しかし、日本人が長年にわたって大切にしてきた風景や蓄積してきた知恵を、

現代の世代が共有し、将来の世代に継承していく必要性という観点からは、子供を取り巻く環境の変化と子どもの感性への影響が懸念される。自然環境、生活環境、コミュニケーション、文化など重要なものがなし崩し的に変化し、その影響が十分に反省されていないのではないだろうか。

　経済発展の中で何を獲得し、何を失ったのかを振り返り、これから何が求められているのかを総括することがいま求められている。そのための指針となる考え方を次に考察したい。

2.「自然環境」と「文化」への視座
(1) 文化における持続可能性

　過去の約一世紀の間、先進諸国による競争的開発、資源の乱獲は環境汚染や資源の枯渇を招き、地球環境や生態系に深刻な影響を生じた。

　1987年、国連の「環境と開発に関する世界委員会」（通称「ブルントラント委員会」）において「持続可能な開発」の概念が言及された。持続可能な開発とは「将来の世代のニーズを満たす能力を損なうことなく、現在の世代のニーズを満たすような開発」とされ、自然界における生態系の維持を前提に、将来世代を視野に入れた永続可能で均衡のとれた発展を志向すべきであることが明言されたのである。

　その後、1995年「文化と開発に関する世界委員会」において持続可能性の文化的側面の重要性が指摘された。「開発」の概念を「人々が物やサービスを享受しうる状態にする」ことにとどまらず、より広く「人々が充足を伴う価値ある共生の在り方を選択できるようになることをも含む概念」と捉え、文化はそのような発展の目的を支える社会的基盤であるとされた。ここに持続可能性概念は自然環境と同様に、文化の分野においても志向されるべきものとして指摘されたのである。

　すなわち、現代社会は過去からの有形無形の資産が蓄積した上に成り立っている。その中でも「自然資本」と「文化資本」は、いずれも我々の経済活動や精神的活動の源泉として我々の存在を支えている。スロスビーは、自然資本と文化資本に関して、自然資本は自然からの無償の贈与物、文化資本は人間の創造活動から生まれたものという違いはあるにせよ、いずれも過去からの授かり物として

我々にもたらされるものであり、現在の世代に管理の義務と未来へと受け渡す義務を課すものである、とする。我々はこれら自然資本や文化資本の保全・利用のサイクルが円滑に循環するように努める必要がある。

それでは、文化資本を運用する際の意思決定において我々はどのような原理に従う必要があるのだろうか。スロスビーは「文化における持続可能性」について「その内容は広く、一義的に決せられるものではない」として6つの原理、すなわち「物質的・非物質的厚生」「世代間公平」「世代内公平」「多様性の維持」「不可逆性と予防原理」「文化システムの保全と相互依存性の認識」を提示している。

1) 物質的・非物質的厚生

文化資本は個人に物質的・精神的利益をもたらすのみならず、それらの利益はコミュニティ全体にもたらされる。

2) 世代間公平

現在の世代は、自分たちの利己的な振る舞いの結果、将来の世代が文化的資源へのアクセスを拒否されたり、文化的基盤が奪われたりすることのないよう律する責務を負っている。

3) 世代内公平

現在の世代の内部においても、文化的な生活を送る際の公平さにおいて、地理的、経済的、物理的理由で文化資源から得られる利益へのアクセスが妨げられないよう配慮する必要がある。

4) 多様性の維持

多様性の維持は文化システムの維持に不可欠である。ある文化それ自体の内部の多様性、あるいは様々な文化間の差異は人類の文明の活力にとって不可欠の要素であり、かけがえのない財産である。

5) 不可逆性と予防原理

ある文化の消滅により、不可逆的な損失が発生する。言語など、いったん衰退・消滅すると再生が困難で取り返しがつかないが、それらの事態を回避するための予防措置を講じる必要性。

6) 文化システムの保全と、相互依存性の認識

いかなるシステムの部分も他の部分から独立して存在することはない。

(2) 日本で営まれてきた持続可能な生活

　日本文化は今日、洗練された伝統文化や独特の美意識を備えたものとして海外でも高く評価されているが、その多くは地方の特性に応じて人々が日々の暮らしの中で育み、守り伝えてきた技や知恵が結実したものである。例えば茶道に使われる茶は八十八夜のお茶摘み、茶道具には竹林から伐り出した竹や、雑木林から伐り出して焼かれた炭が欠かせない。また日本料理に使われる様々な素材は、山菜採りや椎茸栽培といった営みが不可欠である。つまり茶道や日本料理といった伝統文化も、農山村で連綿と続いてきた営みを抜きにしては語れない。

　しかし、これら農山村の営みが文化の継承や文化的多様性の維持に果たしてきた役割や、人々の営みによって織りなされてきた文化的景観の重要性、文化的景観が人々にもたらす精神的利益については未だ広く認識されているとは言い難く、これらの重要性を周知するための機会が必要とされている。

　そこで次に、そのようなきっかけ作りの一例として筆者がかかわった事例を紹介したい。

3.「ふるさとの自然保全フォーラム」

　近年、自然や環境保全に対する社会の関心は高まっているが、それらをテーマとするシンポジウムやセミナーが開催されても、硬いイメージをもたれて、参加者数はのびず、開催者にとって残念な結果になることが少なくない。このような中で福岡県が2004年3月に主催した「ふるさとの自然保全フォーラム」に、コンサートを含めることになり、筆者らに演奏が依頼された。開催場所は都市部の公共会館のホールで、図18-1、図18-2に示すチラシ（表・裏）のように行われた。それまで各地の都市で開催されたフォーラムでは、集客数は少なかったそうだが、当日は多数の音楽ファンが参加したのか、多数の聴衆がつめかける盛会となった。結果として、より多くの方々に自然や農山村、里山の素晴らしさと直面する課題について認識してもらうきっかけとなり、また自然に関心の高い人や保全活動に携わる人たちにも、生演奏による音楽の素晴らしさをあらためて楽しんでもらえた。

4.「里山コンサート」
(1) 概　略

　福岡県八女市黒木町の笠原地区に位置する笠原東小学校は児童数の減少に伴い閉校になったところ、その校舎を改修してコミュニティセンターとして再利用されることになった。リニューアル・オープンの記念として2007年3月、250〜251頁に示すチラシ（表・裏）のような「里山コンサート」が開かれることになり、筆者らが演奏の機会を授かった。

　会場は小学校に隣接した木造の体育館である。フロアー部分の全体に椅子を並

図18-1

べても250席ほどのこぢんまりとした規模であることから、舞台と客席との距離が近く、楽器の音が空間の隅々までよく響くのが特長である。

体育館の敷地のすぐ側には棚田や茶畑が広がり、近くを小川が流れる。畦道には季節の花々が咲き、春にはレンゲや菜の花、梅雨前には紫陽花、秋には彼岸花など、毎回訪れるたびにその季節の景観を楽しめる。遠くには山々が連なり、季節ごとの植生や木々の色の移り変わりが印象的である。「里山コンサート」として絶好の立地に恵まれたコンサートとなった。

楽器編成はピアノとチェロのデュオ、後半はソプラノ歌手が加わった。プログラムはクラシック作品の中から自然の情景をイメージした曲や、季節にちなんだ

図18-2

第18章 音楽を通した市民活動の展望

「日本の歌」を中心に構成し、最後は会場全体で一緒に春の歌を歌った。

(2) 里山コンサートの意義・理念

1) 地域住民に音楽の素晴らしさを伝える

街なかのホールから離れた地域の方々に、生の音楽を気軽に楽しんでいただきたい。また、クラシックや日本の音楽作品などジャンルの垣根を越えて、音楽の素晴らしさと感動を届けたいと考えている。

2) 音楽を媒介にして交流を生み出す

演奏家からの語りかけを大切にしたい。曲の間に演奏家自身の言葉で作品の解

図18-3

説や作曲家の紹介を交えたり、メッセージを発することは、聴衆に作品をより一層身近に感じてもらうためにも重要と考える。

音楽や言葉が人々の精神に作用して気持ちを和ませ、会場に一体感が生まれたり、コンサート終了後に人々の間に会話が生まれる。また一時的にせよコンサートに多くの人が集まることで地域に賑わいをもたらし、特に過疎化に悩む地域においては人々の活力を生み出す契機にもなる。

3）里山を知るきっかけ作り

都市で生まれ育った人の中には、日本の農山村で、日々の暮らしが今でも営ま

笠原東交流センター「えがおの森」オープン記念　**里山コンサート**

閉校した元笠原東小学校は、農林業体験を中心とした、都市住民との交流施設「笠原東交流センター" えがおの森" 」として平成１９年４月にオープンします。

かつては農山村のみならず、町のすぐそばにも里山があり、「ふるさと」「里の秋」などの歌を口ずさみながら遊んだものでした。しかし今では里山は荒れ、子供たちが触れ合うこともありません。このような時代にあって音楽を通して里山の魅力に気付いていただくために、合わせて、農林業の体験ができる「笠原東交流センター" えがおの森 "」のオープン記念として「里山コンサート」を企画しました。

プログラムには日本の美しい情景を歌った唱歌やヨーロッパの森や田園にちなんだ曲なども織り込んで、子供からお年寄りまで、楽しんでいただけるものにします。生の音楽を通して、里山や地域の人々と時間を共有し、心が通い合うことが出来ればと思います。

会場の「笠原東交流センター "えがおの森"」は、里山や棚田に囲まれ、川のせせらぎと木の温もりが懐かしく感じられるところです。当日には改装した校舎の見学を始め、風力発電や太陽光発電、薪ストーブ、薪ボイラー、おがくずバイオトイレなどの体験もできます。

交通機関　及び　送迎車時刻表				
行程		堀川バス	町送迎車	大学バス
行き	出発	黒木バス停 13:55	黒木バス停 13:00	九大(大橋) 11:30
	到着	鹿子尾バス停 14:18	えがおの森 13:30	えがおの森 13:30
帰り	出発	鹿子尾バス停 16:55	えがおの森 16:30, 18:30	えがおの森 17:30
	到着	黒木バス停 17:43	黒木バス停 17:00, 19:00	九大(大橋) 19:30

※　九大からのバスをご希望の方は、必ずお申し込みください。

Profile　重松 恵子（しげまつ けいこ）チェロ

2002 年　東京藝術大学音楽学部器楽科チェロ専攻卒業。
2006 年　同大学大学院修了。
2000年　KOBE 国際学生音楽コンクール優秀賞あわせて兵庫県教育長賞受賞。コンセール・ヴィヴァン新人オーディション優秀賞受賞。日演連推薦新人演奏会で九州交響楽団と共演。大学学内モーニング・コンサートで芸大オーケストラと共演。霧島国際音楽祭で特別奨励賞あわせてサントリー賞受賞。
2001 年　芸大定期演奏会にピアノトリオで出演。
2002 年　ファドゥーツとウィーンで夏期マイスター・クルゼを受講。
2003 年　ザルツブルクとウィーンで夏期マイスター・クルゼを受講。
2004年　３月北九州市にてソロ・リサイタル開催。10 月千葉県我孫子市にてソロ・リサイタル開催。11 月東京都めぐろパーシモンホールにて"室内楽の夕べ"開催。
これまでにチェロを故・井上頼豊、河野文昭、菊地知也の各氏に師事。現在、トウキョウ・モーツァルト・プレーヤーズ メンバー。

Profile　重松 聖子（しげまつ せいこ）ピアノ

1999 年　東京藝術大学音楽学部楽理科卒業。
1985 年　ピティナ・ヤングピアニスト・コンペティション西日本第一位併せて読売賞受賞。
1989 年　デュオ・リサイタル開催。
1990 年　イギリス滞在中ロンドン大学にてデュオ・リサイタル。フォルクストンにてソロ・リサイタル。ロンドン大学にてソロ・リサイタル。
2006 年　東京都大田区"大田文化の森"にてオペラ入門講座開催。
これまでにピアノを出口美智子、佐々木弥栄子、弘中孝、小林仁、ロナルド・スミス、牧野縝の各氏に、室内楽を故・井上頼豊氏に師事。

デュオの活動歴　重松恵子(チェロ)・重松聖子(ピアノ)

1990 年　イギリス　ロンドン大学ワイ・カレッジにてデュオ・リサイタル。
1992 年　大阪府豊中市市民会館大ホール「自然復元シンポジウム」にてデュオ・コンサート。
1998 年　東京藝術大学　学生リサイタルにてデュオ演奏。
1999 年　大阪府豊中市梅花教会にてデュオ・コンサート。
〃　那珂川町ミリカローデンにてデュオ・コンサート。
2003 年11月　チェコ大使・ジェブラコフスキー氏来福歓迎会にてデュオ・コンサート。
2004 年　3月　春日市クローバープラザ「ふるさとの自然保全フォーラム」にてデュオ・コンサート。
〃　7月　アクロス福岡「サウンド☆あらかると」でデュオ演奏。
〃　9月　アクロス福岡主催　ノースウエスト室内楽メンバー＆大山平一郎氏による公開室内楽レッスンを受講。
2005 年　4 月　黒木町「里山コンサート」にてデュオ・コンサート。
2006 年　3 月　志免町エントランスホールにてデュオ・コンサート。
2007 年　1 月　福岡市文化芸術情報館アートリエにて「カフェ　デ　コンサート」出演。

図 18−4

れていることを認識していない人も多いと聞く。コンサートをきっかけに多くの人が里山を知り、実際に来訪する機会を創出したいと考えている。

季節ごとの里山の風景や生活を知った時「日本の歌」に詠まれた情景もより一層身近なものに感じられるのではないだろうか。

4) 感性を育む場

コンサートをきっかけにして実際に里山に身を置き、日常の喧騒を忘れて心身を解放できる機会を創出したい。豊かな自然に囲まれた中で五感を研ぎ澄ませつつ過ごすことは、子供・大人にかかわらず感性を育むことにもつながる。

また、里山で感じた空気や水の清らかさ、自然の豊かさや人々の優しさは、演奏家の精神的滋養となって演奏にも活かされると感じる。里山はアーティストにインスピレーションを与える場でもある。

5) 農山村の暮らし・文化への認識を深め、持続可能な社会への共通認識をつくる

コンサートをきっかけに里山を身近に感じ、日本で数十年前まで営まれていた農山村の暮らしの一端を知ったり、長年蓄積されてきた知恵や風景への認識を共有し、これらを守り伝えようとする気持ちを育むきっかけにしたい。

また現在、全国の里山を舞台に人々のネットワーク作りや人材育成、体験学習の場など様々な取り組みがなされている。里山に関心を持った人がこれらの取り組みにも興味を抱き、参加や支援をする契機になればと考えている。

(3) 里山コンサートから生まれる可能性

現状ではテクノロジーが発展する一方で、人々の自然離れが進んでいる。今後はますます、人々の交流の機会作りや農山村での体験学習の必要性が論じられていくことになろう。そのような中で、生の音楽を通じて農山村の風景・景観を体験するきっかけを作ることは、1つの有効な策であると考える。現在の世代の間に、はるか昔から営まれてきた様々な文化を共有し、将来の世代へと受け継いでいく意識の醸成が必要である。それはまさに、いま希薄になりがちな社会の連帯感を人々の間に培っていくことにつながるのではないだろうか。　【志村 聖子】

第19章 JCVNの発足と今後の活動展開

1. JTCVの構想

　第9章で述べたように、1990年の英国での在外研究から帰国した筆者は、全国各地で開催されるシンポジウムやセミナーなどに招かれた機会、また「森林と市民を結ぶ全国の集い」や「全国雑木林会議」などで、BTCVの組織展開や活動の波及効果について紹介すると、毎回、聴衆から大きな反響があり、「そのようなシステム（いつでも、どこでも、誰でも参加できる）が、日本にもあるといいなあ」という要望も多かった。実際に関係者のあいだで「JTCV（日本環境保全ボランティアトラスト）」を是非とも実現したいと、話し合われた。

　筆者もその実現には実績が必要と考え、和歌山県橋本市での開催を皮切りに

```
            地球温暖化問題
        資源・食糧・宗教・人種紛争

    生物多様性の貧化（自然林の破壊・乱獲・埋立・農林地の管理放棄）

   里山・里地・里海の荒廃　←→　過疎の農山漁村
   （洪水の多発・磯やけ・藻場消失）　　原風景・文化的景観の喪失
                                  伝統的文化・技術の衰退

   自然との触れ合い体験の喪失　　過密の都市
   （人間性・好奇心・創造力・気力減退）　人間不信・いじめ・自殺・殺人
                                  リストラ・生活不安・ニート

   少子高齢化社会への対応　　　　低炭素社会の構築
                              自然環境の復元
```

図19-1　私達が直面する課題と総参加の環境保全ボランティアネットワーク構築の必要性

BTCVと連携し、国際ワーキングホリデーの例年の開催に参画し、継続した。しかし、JTCVの実現には事務所の確保と専従スタッフの継続的な雇用が不可欠である。そこで、いくつかの民間企業や行政担当者、財団に助成支援を打診したが、1つの活動団体に多額で継続的な助成は無理と断られ、「他の企業が助成しているなら」と言われたこともあった。本職の教育研究や公務も忙しく、体力不足も重なって、精力的な助成支援を求める活動の継続は無理だった。それでも「継続は力なり」の意志と、人材を育てるためにも、(社)国土緑化推進機構や民間の基金、財団、行政などの助成を得て、地域的な取り組みではあるが国際ワークの開催が途切れることはなかった。

だが、国内の関係者からもBTCVからも「JTCVの設立はまだですか」と言われ、BTCVの国際部長であるアニタ・プロッサーさんからは、「日本からは視察者が次々と訪れ、案内がたいへんだし、あなたの活動を毎回紹介しているのよ」と言われる始末である。筆者は数千万円の助成が3〜5年間継続される募集にもいくつも申請し、中には書類審査に通って東京まで面接に出かけたこともあるが、そんなに実績（国際ワークほかの）があるのならと、採択されなかった。

2. JCVNの発足

筆者の定年退職が迫った2007年、身近で市民活動に取り組んでいる有志の賛同も得て、筆者らは勝手連でJCVN（日本環境保全ボランティアネットワーク）という大それた名称の組織を立ち上げた。JTCVとしなかったのは、既に日本全国の大都市を中心に、多くの実績のある活発な活動を展開している諸団体があり、地域的なネットワークを構築している都府県や市もあること、さらに「森づくりフォーラム」のように全国展開している団体もあったからである。しかし、一部の例を除き、地域の特定の雑木林や谷津田の保全、あるいはスギ・ヒノキ人工林の間伐を主活動としていたり、また、以前に比較し、行政や企業からの助成は増額されたが、相変わらず運営資金難や会員不足および会員の高齢化などの声も聞かれる。

子供も青少年も大人も、里山や里地、川、海浜などでの保全活動に参加すると、生き生きと見違えるようになるのだが、ほとんどがそのような体験をする機会もなく、過密の都市で育ち暮らしている。「はじめに」でも述べたように、自

図 19-2 スギ林の間伐作業に熱中する学生達

図 19-3 田植えで意外な楽しさや充実感・意識が培われる

殺・引きこもり・我が子の虐待死・失業など、社会問題は深刻になるばかりである。

　子供のころから自然体験も社会体験にも恵まれず、農業や林業、農山村はいわゆる3K（きつい・汚い・暗い）のイメージしか持っていない実状にある。これではいけないと、筆者が担当した講義で、参加すれば「良」を保証すると釣って、学生達を大学バスで連れ出し、スギ・ヒノキ林の間伐や田植え、稲刈りなどの作業を体験させると、みんな大喜びで、中には「おかげで視野が広がった。半ば強制でもよいから、全国の大学や学校でも参加できるシステムをつくるべき

第 19 章　JCVN の発足と今後の活動展開　　259

作業について

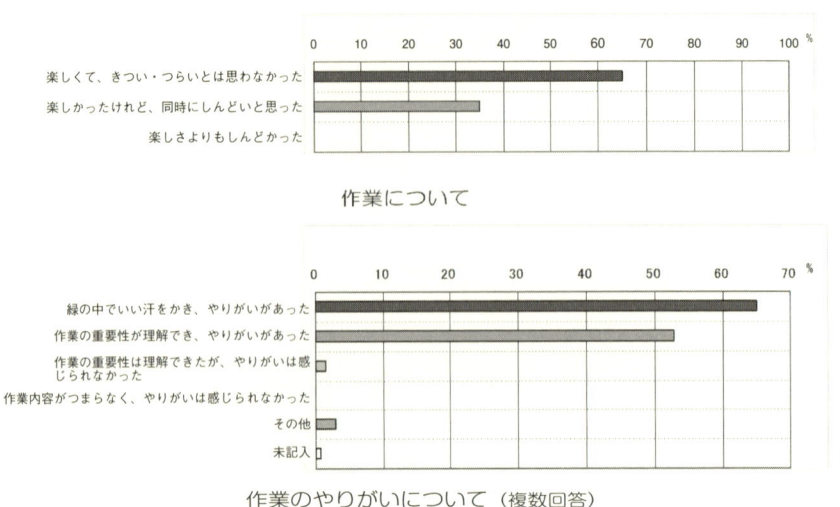

楽しくて、きつい・つらいとは思わなかった
楽しかったけれど、同時にしんどいと思った
楽しさよりもしんどかった

作業のやりがいについて（複数回答）

緑の中でいい汗をかき、やりがいがあった
作業の重要性が理解でき、やりがいがあった
作業の重要性は理解できたが、やりがいは感じられなかった
作業内容がつまらなく、やりがいは感じられなかった
その他
未記入

図19-4 大学での新入生合宿研修（1泊2日）の参加者の感想

だ」とアンケートに書く学生もいた。

　東京都の世田谷区や兵庫県のように、既に全ての小学5年生に1週間程度、農山村生活や農林作業を体験させる制度を実現している自治体の例や、保育園や幼稚園で里山体験や稲作体験を取り入れて、幼児達を生き生きとさせている事例もある。

　しかし、そのような制度や体制を全国の保育・幼稚園や学校・大学にも取り入れ、一般化するには、農山漁村住民の協力や宿泊施設、そして何よりも世話や運営、安全に農林漁業の作業体験や里山・里地・川・里海などでの遊びを指導できる人材（リーダー）の養成が不可欠である。それには、全国各地で既に活動を進め有能なリーダーを輩出しているボランティア団体が有効な役割を果たすことは間違いないが、絶対的な人材（リーダー）不足の中で、抜本的な助成支援や全国的な協力体制（ネットワーキング）の確立も必要不可欠である。

　学問へのモチベーションを高める上でも、高校や大学への入学には、半年あるいは1年間のボランティア体験を前提とすることも有効だと考える。もちろん、取得単位として認定したり、斡旋システムの構築や身体障害者は免除するなど、きめこまかい制度設計が必要である。1年間の場合には、そのうち半年は老人介

① 青少年や都市住民が農山村生活や農林作業を体験することで、農山村環境や景観の良さを知り、興味を持つ」、「心身ともに生き生きする」、「視野が広がる」等々の効果が得られる。

② 農山村住民も都市住民や青少年に親近感を持ち、自信や元気を回復する。

③ 小学生や中学生・高校生も参加できるシステムを用意することによって、創意工夫に優れた、体験豊富なリーダーが育つ。

④ 青少年が多様な世代の社会人と寝食を共にして交流し、農林作業を体験することで、社会性や信頼感、連帯感を身につける。

⑤ このような青少年教育と生涯教育システムを社会に広く適用することで、国土環境や社会環境、地球環境や国際社会まで視野に入れた人材が各地で育ち、より高次の社会に進むと期待される。

図 19-5　参加と実体験による波及効果

護施設など医療福祉分野でのボランティア体験を含めるのも有効だろう。先にも述べたが、筆者も幼少時から喘息がひどくて、ひ弱だったので、高校生の時に1年間休学し、故郷で里山・里地・里海体験を満喫した。また、大学生の時には、鉄工所でのヤスリかけ、リゾート施設や国立公園でのゴミ拾いのアルバイトや、西表島のパイナップル農園で苗の植え付けや収穫の実習を50日ほど体験もした。リゾート施設の池で泥さらえをしている時には、通りかかった家族づれの母親が子供に「勉強しなかったら、あんな仕事をせないかんのよ」と諭す声も聞こえて、社会勉強にもなった。これらの体験はその後の人生や教育・研究上の大いなる糧となった。

　JCVNのメンバーはNPO法人の認可を受けるために定款の準備を進めながら、次節で述べられるような活動を継続し、2009年8月末に認可を得た。活動資金はほとんどないから、とりあえず筆者の自宅に事務局を置くことにし、理事は全国各地で活躍されている方々に依頼したかったが、旅費の手当てが出せないため、1人を除き身近で活動する人で構成されることになった。

3. JCVN が構想する社会参加システム

　筆者は、これからの社会的安全保障（危機管理）を視野に入れた、資源循環型共生社会の実現を目指して、以下の3つの社会参加システムの構築を提案したい。

①里山・里地や川・里海での自然体験や農林漁業体験を通して、自然と社会に興味や好奇心を持ち、創意工夫に富んだ、気力と情熱にあふれた人材が育つ社会参加システム。

②都市住民も里山や農地、川、里海の保全活動にかかわることで、心身のリフレッシュと、環境認識や連帯感を培い、省エネルギーの励行や自然エネルギーの活用等を基盤に、精神的豊かさを楽しむライフスタイルが一般化する社会参加システム。

③農山漁村住民と都市住民の広域連携により、水・食糧・木材・バイオマスエネルギー等の自然資源が持続的に保全・活用される社会参加システム。

　以上のような社会参加システムの構築には、表19-1に示すように、市民参加と中山間地域住民の積極的な参加・連携のみならず、教育機関の参加、地方自治体や政府、中央省庁の横断的な支援・協力、ならびに企業の社会貢献や助成支援など、総参加と連携による取り組みが不可欠である。

　このような総参加の取り組みに対し、JCVN は今後全国の多様な活動団体と連携しながら、表19-2のような事業や活動を進め、力を発揮できればと願っている。

【重松 敏則】

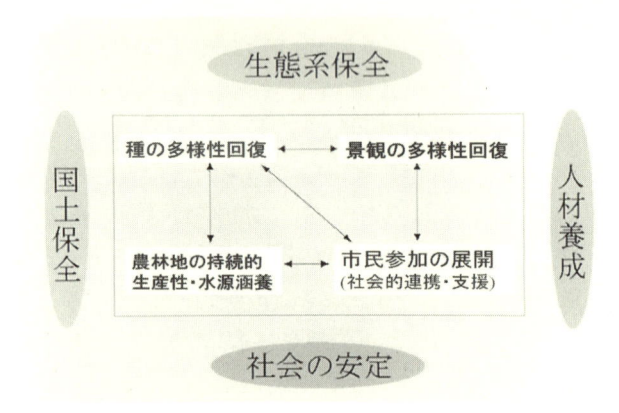

図19-6　社会的連携・支援による市民参加の展開の効果

表19-1 総参加・連携による持続的な社会構築と国土保全
　　　　景観・生物多様性の回復・エネルギー循環型の社会システム構築

市民参加と中山間地域住民の参加・連携

地方自治体の協力・連携支援（市町村・都道府県）
中央省庁・政府の支援（総務省・環境省・農林水産省・林野庁・文部科学省・国土交通省・厚生労働省）

学校教育プログラムに組み込む（幼稚園・保育園・小中高等学校）
大学教育での単位認定・インターン制度

企業の社会貢献（CSR）事業（助成支援・社員教育）

厚生・福祉（生涯教育・健康生きがい・グリーンジム）

失業者支援（環境保全技術訓練・自信回復）

表19-2　JCVN（日本環境保全ボランティアネットワーク）の事業および目標
○環境保全ボランティア活動事業
○自然体験、農林業体験活動事業
○環境保全活動人材育成事業（リーダー養成）
○環境保全の普及啓発や調査研究事業
○国内外の環境保全活動団体との連携協力と活動支援
　海外や全国各地の活動団体との連携
　活動プログラム情報の提供・共有
　環境保全技術・経験・ノウハウの提供・交換
活動実績による社会的認識の獲得
いつでも・どこでも・誰でも参加できる地域的・全国的システムの確立

4. JCVN の今後の展開

　2006年11月、筆者と小森耕太氏は英国を訪ね BTCV の国際リーダーの合宿ミーティング[8]に参加した。国際環境保全ボランティア同盟（Conservation Volunteer Alliance、以下、CV 同盟という）への加盟方法を尋ねるためであったが、一方で、2005年度の BTCV の国際ボランティア事業の実施率が37.25%まで落ち込んだという報告を耳にした。理由は供給が需要を上回ったということであったが、その対策は、各国への派遣を1チームに絞り、さらなるリーダートレーニングにより活動の質を改善するということであった。これを期に、日本への派遣先は北海道のみとされ、福岡の活動は JTCV の設立にむけて CV 同盟に加盟し独立してくださいということであった。さらに、BTCV の内部事情として国内リーダーから国際事業に対する「持続的な旅行（Sustainable Travel）」の要請が強く出ており、「飛行機に乗ってまでボランティアに行くべきではない」というような論理への対応が求められていた。

　2006年からの筆者達の活動方針は大きな転換点をみることになった。それは単に BTCV ボランティアの受け入れがなくなったということではなく、リーダーを育成し、10名程度のチームが各地で活動できる主体を作ろうというコンセプトである。これまで継続してきた国際里山・田園保全ワーキングホリデー事業は山村塾主催とし、海外ボランティア部分は NICE と連携し、合宿ボランティア期間も80日間と飛躍的に長くなり、新たな展開を見せている。地元の委託事業を受けながら、中長期のボランティアを国内外から受け入れ実施していく枠組みは、日本の農山村において環境保全活動を内部化する1つの解だと感じている。それは、地域コミュニティーをベースとした地縁社会に対し、都市、もしくはグローバルなコミュニティーをベースとした知縁社会が、腰を落ち着けながら活動し、両者の交流と共感を確かなものにしていけるからである。

　さて、この拠点形成を各地に広げるために筆者達は、福岡県を中心に人材育成活動を中心に事業を行っている。今後、よりリーダーと JCVN の関係性を深め、「いつでも、だれでも参加できる」、定期的なボランティア・ツーリズム事業を実施できる体制を整えていきたい。まずは、都市近郊において日帰りボランティア活動を展開することが目標となるであろう。

　2010年3月、筆者は小林寛子氏[10]と豪国の CVA（Conservation Volunteer

Australia、以下、CV オーストラリアという）を訪ねた。CV オーストラリアは BTCV の姉妹団体で、CV 同盟の事務局を担当していることもあり、同盟の現状、人材育成や組織運営の方法についてヒアリング調査を実施した。国土が広く自然環境の豊かな彼らの活動は、国立公園などでの活動を中心とし、BTCV よりもツーリズム色の強いサービスを提供していると感じられた。これは、単に国土環境の理由だけではなく、資金的理由も含まれている。BTCV は、比較的、寄付金の確保が可能で、かつ、企業部門を持っており強力な資金収集力がある。CV オーストラリアにこのような資金環境はないため、ローカルボランティアではなく、自然環境の保全とツーリズムに特化し、助成や委託事業を行う行政や企業を強く引き付ける戦略を用いている。さらに彼らは、ここ数年間、ニュージーランドの CVZ 設立の支援を行い軌道に乗せるというオセアニアを中心としたネットワーク形成に軸足を移している。

　BTCV のローカル色、CV オーストラリアの自然大陸色と名付けるのは不適切かもしれないが、時代が刻々と移りゆく中で、各地の事情に合わせた独自路線を歩み出している。しかしながら共通しているのは、「いつでも、だれでも参加できる」プロフェッショナルなサービスの提供であり、人材育成と環境保全を中心とした活動であり、アピールする環境保全活動に対し行政・企業から委託事業なり寄付金をきっちり確保している点にある。

　今後、環境、福祉、教育、観光のさらなるグローバル化が進むことは明らかである。人口減少社会の日本において、中国をはじめとするアジア各国との連携なくして、いずれも成り立たない事情がある。地域の暮らし、産業、環境は誰が保全し創造していくのだろうか。私達、特に日本の若者がこれらの観点から日本の自然環境や農山村にアクセスできる機会を増やすべきである。国内における国際ボランティア・ツーリズム活動を根付かせていくことで、若者と地域の国際化も推進できると感じている。日本の色は「里・山・海・川」だと思う。敢えて加えるなら「農」と「四季」であろうか。この豊かな国土環境の「手入れ」を通じて営んできた私達祖先の暮らしは、今後の私達にとって基盤となる。いつでも、だれにでも、環境へのアクセスを作り出す JCVN として、歩みを進めていきたい。

【朝廣　和夫】

引用・参考文献

第1部
第1章
1) 宮脇昭編（1967）：原色現代科学大辞典3 植物、学習研究社、pp. 82-161
2) 高橋理喜男編著（1977）：都市林の設計と管理、農林出版、pp. 35-48
3) 重松敏則（1988）：レクリエーションを目的とした二次林の改良とその林床管理に関する生態学的研究、大阪府立大学紀要、農学・生物学、No. 40、pp. 151-211
4) 重松敏則（1991）：市民による里山の保全・管理、信山社サイテック、74pp
5) 千葉徳爾（1973）：はげ山の文化、学生社、231pp
6) 養父志乃夫（2009）：里地里山文化論 上、農文協、215pp

第2章
1) 石井実・植田邦彦・重松敏則（1993）：里山の自然を守る、築地書館、171pp
2) 重松敏則（1987）：「農山村と都市」共存のための定住化と土地利用秩序の形成、農村計画学会誌、6(2)、pp. 18-25
3) 重松敏則（1991）：都市近郊の風景と変化―大阪近郊を事例に、環境情報科学、20(2)、pp. 21-26
4) 中村敬・重松敏則（2000）：都市内残存林におけるヤマザクラの着花状況と消長に関する研究、ランドスケープ研究、63(5)、pp. 469-472
5) 前原大輔・重松敏則（2001）：都市内残存林における4種の落葉広葉樹種の分布と生育状況に関する研究、ランドスケープ研究、64(5)、pp. 529-532
6) 渡辺善次郎（1983）：「都市と農村の間」都市近郊農業史論、論創社、388pp

第 3 章
1) 松本光朗（2009）：森林 CO_2 吸収量算定ルールの国際交渉、経済 No. 171、pp. 137-143
2) 荻大陸（2009）：国産材はなぜ売れなかったのか、日本林業調査会、200pp
3) 遠藤日雄（2002）：スギの行くべき道、林業改良普及双書 No. 141、（社）全国林業改良普及協会、170pp
4) 藤森隆郎（2010）：間伐と目標林型を考える、林業改良普及双書 No. 163、（社）全国林業改良普及協会
5) 長島啓子ら（2004）：再造林放棄地における植生回復と立地条件、九州森林研究 57、pp. 189-191
6) 日本製紙連合会資料：「古紙の利用と環境について」（http：//www.jpa.gr.jp/file/topics/20080704061856-4.6.4.pdf）〈2010.5.20 取得〉
7) 有馬孝禮（2003）：木材の住科学〜木造建築を考える〜、東京大学出版会、pp. 63-64

第 4 章
1) 藤森隆郎・重松敏則・高木勝久・斉藤秀生（1993）：環境林の保全と整備、日本造林協会、151pp
2) 重松敏則（1999）：里山の自然―その多様性と魅力、緑の読本、35（17）、pp. 1-7
3) 重松敏則（1999）：新しい里山再生法―市民参加型の提案、全国林業改良普及協会、181pp
4) 藤森隆郎（2010）：新たな森林管理を求めて（上）、全国林業改良普及協会、261pp
5) 津布久隆（2008）：里山の広葉樹林管理マニュアル、全国林業改良普及協会、105pp
6) 宇根豊（2010）：風景は百姓仕事がつくる、築地書館、293pp

第 5 章
1) 国土変遷アーカイブ 空中写真、国土地理院（http：//archive.gsi.go.jp/

airphoto/)
2) 吉本哲郎（2008）：地元学をはじめよう、岩波ジュニア新書
3) 蔵治光一郎・洲崎燈子・丹羽健司（2006）：森の健康診断、築地書館
4) ニューフォレスターズ・ガイド［林業入門］（1996）：（社）全国林業改良普及協会、p. 268
5) 沼田真編（1978）：植物生態の観察と研究、東海大学出版会

第6章

1) Ian McHarg（1969）：DESIGN with NATURE, The Natural History Press, Garden City, NY.
2) 亀山章（1973）：農村土地利用計画に関する植生学的研究（Ⅰ）、応用植物社会学研究、2、pp. 1-52
3) 武内和彦（1976）：景域生態学的土地評価の方法、応用植物社会学研究、5、pp. 1-60
4) 中越信和（1995）：景観のグランドデザイン、共立出版
5) 芮京禄（2009）：ヨーロッパの空間発展政策における欧州ランドスケープ条約の役割、日本都市計画学会論文集 44（2）、pp. 41-48
6) 松延康貴（2009）：福岡県の中山間地域における地域農林資源の潜在量評価、九州大学大学院芸術工学府、修士論文

第7章

1) 藤井義久（2007）：竹林拡大の動向と伐竹による拡大抑制に関する研究、九州芸術工科大学博士論文、178 pp
2) 内村悦三（2005）：タケと竹を活かす―タケの生態・管理と竹の利用―、全国林業改良普及協会、196pp
3) 上田弘一郎（1963）：有用竹と筍、博友社、314pp
4) 内村悦三（2005）：タケ・ササ図鑑、創森社、219pp
5) 藤井義久・重松敏則・西浦千春（2005）：北部九州における竹林皆伐後の再生過程、ランドスケープ研究、68（5）、pp. 689-692
6) 藤井義久・重松敏則（2008）：継続的な伐竹によるモウソウチクの再生力衰

退とその他の植生の回復、ランドスケープ研究、71（5）、pp. 529-534

第2部
第8章
1) 重松敏則（1983）：レクリエーション林における下刈り、光、踏圧の諸条件が林床植生に及ぼす効果、造園雑誌、46（5）、pp. 194-199
2) 重松敏則・高橋理喜男・鈴木尚（1985）：二次林林床における光条件の改良が野生ツツジ類の着花に及ぼす効果、造園雑誌、48（5）、pp. 151-156
3) 重松敏則（1988）：レクリエーションを目的とする里山の生態的管理手法と教育・市民参加による管理システムの展望、森林文化研究、9（1）、pp. 72-91
4) 重松敏則（1990）：里山林の保全・管理に対する市民の参加意欲について、農村計画学会誌、9（1）、pp. 6-22
5) 重松敏則（1991）：市民による里山の保全・管理、信山社サイテック、74pp
6) P. Buckley 編（1992）：Ecology and Management of Coppice Woodlands, Chapman & Hall
7) 上原三知・古賀俊策・杉本正美・齊木崇人（2006）：林内活動後の放棄された二次林環境におけるリラックス効果と環境学習効果の複合評価、ランドスケープ研究70, （5）、pp. 457-462
8) 上原三知（2007）：春・夏の里地・里山林における環境保全プログラムとそのリラクセーション効果の関係性、ランドスケープ研究、71（5）、pp. 525-528

第9章
1) 高橋理喜男（1981）：緑の作戦—ヨーロッパと日本、大月書店、243pp
2) 重松敏則（1992）：英国BTCVの田園景観及び森林生物環境の保全活動について、日本造園学会誌、55（5）、pp. 325-330
4) 重松敏則（1996）：里山・田園環境の保全活動をベースとした環境教育と市民参加のシステム開発、平成6年度科学研究費補助金（一般研究B）研究成果報告書、147pp

5) 重松敏則（2002）：里山保全と市民参加による管理活動の展開、環境情報科学、31（1）、pp. 58-62

第10章
1) NPO法人NICE（日本国際ワークキャンプセンター）（2009）：世界のワークキャンプ2009、8pp
2) NPO法人NICE（日本国際ワークキャンプセンター）（2009）：国際ワークキャンプ参加案内2009、pp. 44-54
3) 米国Conservation Corps調査研究委員会（2008）：米国Conservation Corpsに関する調査研究報告、pp. 26-27
4) The Corps Network（2010）：Corps Profile 2009、pp. 1-2

第11章
1) 小森耕太（2005）：「仕事」としての山村塾ワーキングホリデー、現代農業8月増刊、69号、「若者はなぜ農山村に向かうのか」、農山漁村文化協会、pp. 104-111
2) 小森耕太（2009）：農山村の里山を守る山村塾の取り組み、西尾雄志（WAVOC）編：ワークキャンプ～ボランティアの源流～、WAVOC（早稲田大学平山邦夫記念ボランティアセンター）、pp. 33-38

第12章
1) ふくおか森づくりネットワーク（2004）：里山体験リレー報告、2003年度事業報告書、pp. 6-33

第13章
1) 土屋宰貴（2009）：わが国の「都市化率」に関する事実整理と考察―地域経済の視点から―、日本銀行ワーキングペーパーシリーズ
2) 養老孟司（2007）：ぼちぼち結論、中公新書、p209
3) アーティストとしてのスタイルを活かしながらBTCVの国際リーダーとして国際的に活躍され、2006年5月16日に英国のバッキンガム宮殿でBTCV

GREEN HERO AWARDS 2006 を受賞。
4) 朝廣和夫・重松敏則（2003）：国際里山・田園保全ワーキング ホリデーにおけるボランティア参加者の意識、日本造園学会九州支部研究・報告集
5) Journal of Landscape Architecture in Asia (2006): Volume 2, Japanese Institute of Landscape Architecture, Chinese Society of Landscape Architecture, Korean Institute of Landscape Architecture, pp. 109-114
6) BTCV (2005): Project Leader's Guide、pp. 20-23
7) 朝廣和夫（2007）：Leaders Network Report 実践型環境保全ボランティア育成事業報告書～英国BTCVの人材育成システムを参考事例に～The Report of Leadership Training 環境保全リーダー養成講座報告、p. 3

第3部
第14章
1) NPO法人循環生活研究所（2003）：堆肥づくりのススメ
2) NPO法人循環生活研究所（2009）：ダンボールコンポストの本
3) ダンボールコンポストネットワーク（2007～）：ダンボールコンポストまちづくりフォーラム事例集

第15章
1) 杉山恵一監修（1993）：ビオトープ―復元と創造―、信山社サイテック、139pp
2) 山田辰美編（1999）：ビオトープ教育入門、農文協、249pp
3) 枝廣淳子（2004）：いまの地球、ぼくらの未来、PHP研究所、141pp
4) 小杉山晃一（2009）：生物多様性保全の科学と政策、学報社、148pp
5) 山田國廣編（2002）：水の循環、藤原書店、pp. 91-128
6) 鷲谷いづみ・飯島博（1999）：よみがえれアサザ咲く水辺、文一総合出版、229pp

第16章
1) 池橋 宏（2005）：稲作の起源、講談社

2) 山崎純夫（2008）：最古の農村・板付遺跡、新泉社
3) 河川生態学術研究会多摩川グループ（2000）：多摩川の総合研究―永田地区を中心として
4) 河川生態学術研究会多摩川グループ（2006）：多摩川の総合研究―永田地区の河道修復
5) 皆川朋子・島谷幸宏（1999）：扇状地部における河川の自然環境保全・復元目標の指標化に関する研究―多摩川永田地区を例に―、環境システム研究、第27巻、pp. 237-246
6) 山下奉海（2010）：魚類を対象とした小河川－水路－水田ネットワークの再生手法に関する研究、九州大学博士論文
7) 島谷幸宏・今村正史・大塚健司・中山雅文・泊耕一（2003）：松浦川におけるアザメの瀬自然再生計画、河川技術論文集、第9巻、pp. 451-456
8) 国土交通省九州地方整備局武雄河川事務所（平成15年度―平成19年度）：アザメの瀬地区環境調査業務報告書
9) 林博徳・辻本陽琢・島谷幸宏・河口洋一（2009）：再生氾濫原におけるドブガイ属の生態と侵入システムに関する事例研究、水工学論文集、第53巻、pp. 1141-1146
10) 林博徳・島谷幸宏・泊耕一（2010）：自然再生事業における維持管理体制の在り方に関する一考察、河川技術論文集、第16巻、pp. 535-540

第17章
1) 入江政安・中辻啓二・寺中恭介（2007）：大阪湾南港の浚渫窪地における底質環境に関する調査研究、海岸工学論文集、第54巻、pp. 1091-1095
2) 中村由行他（2006）：浚渫跡地の修復に関する施工上の影響と研究開発課題の抽出、海洋開発論文集、第22巻、pp. 649-654
3) 柳哲雄著（2006）：里海論、恒星社厚生閣、pp. 29-30

第18章
1) デイヴィッド・スロスビー著、中谷武雄・後藤和子監訳（2002）：文化経済学入門、日本経済新聞社、pp. 89-99

2) 寺倉憲一著（2010）：持続可能な社会を支える文化多様性―国際的動向を中心に―、総合調査「持続可能な社会の構築」、国立国会図書館調査及び立法調査局、pp. 223、pp. 228-230

第19章
1) 重松敏則（2002）：里山の現状と潜在力及び市民保全活動の展望、芸術工学研究、No. 5、pp. 1-11
2) 重松敏則（2002）：自然資源を活用した循環型社会の構築、ランドスケープ研究、66（2）
3) 重松敏則（2004）：社会参加による里山・棚田保全の取組み、人と国土21、31（3）、pp. 10-15
4) 重松敏則・朝廣和夫・西浦千春（2004）：農林体験が青少年の環境認識に及ぼす効果について、ランドスケープ研究、67（5）、pp. 833-836
5) 重松敏則・朝廣和夫（2005）：農林体験の内容及び時間的濃度が青少年の環境認識・景観認識・連帯意識に及ぼす効果、平成14～15年度科学研究費補助金（基盤研究B）、123pp
6) 西浦千春・重松敏則・朝廣和夫（2005）：農山村における農林作業体験が都市部の高校生の環境保全行動意欲に及ぼす効果、ランドスケープ研究、68（5）、pp. 613-616
7) 重松敏則・朝廣和夫（2008）：農山村の地域資源を活用した環境共生教育に関する拠点形成プログラムと情報システム、平成17～18年度科学研究費補助金（基盤研究B）、96pp
8) Agenda Autumn（2006）：BTCV International Support Group Meeting, Bilberry Hill Centre, Rose Hill, Rednal, Birmingham, 17th to 19th
9) 朝廣和夫（2007）：Leaders Network Report、日本環境保全ボランティアネットワーク構築事業報告書、The Report of Research for Networking ネットワーク構築調査報告、国際里山田園保全ワーキングホリデー実行委員会、pp. 29-40
10) 小林寛子：プロマークジャパン代表（エコツーリズム・マーケティングコンサルタント、）長年、オーストラリアのフレーザー島でエコツーリズムを推進

編者プロフィール

重松 敏則（1945 年愛媛県生まれ）
NPO 法人日本環境保全ボランティアネットワーク理事長、九州大学名誉教授、農学博士
自然環境復元学会九州支部長、NPO 法人自然環境復元協会理事

　大阪府立大学農学部助手、講師、九州芸術工科大学教授を経て、九州大学大学院芸術工学研究院教授を 2009 年に定年退職。1975 年より、里山林の保全・管理について、実験調査に基づく生態学的研究を継続。その成果を活用し 1988 年より、市民参加による里山管理の潜在力と展開について実践的な研究に着手する。また、英国における全国的な環境保全のためのボランティア団体である BTCV の組織運営と活動実態について調査し、我が国に紹介するとともに、その連携活動として 1994 年より、16 回の国際里山・田園保全ワーキングホリデーの開催に参画している。主な著書として『市民による里山の保全管理』、『新しい里山再生法―市民参加型の提案』『里山の自然をまもる』（共著）ほか。

JCVN（Japan Conservation Volunteer Network）
NPO 法人 日本環境保全ボランティアネットワーク
2006 年 4 月設立　　2009 年 8 月法人格取得　　住所：〒811-2201　福岡県粕屋郡志免町桜丘 3-32-1　電話：092-215-3966　サイト http://www.jcvn.net/
理事長：重松敏則　副理事長：朝廣和夫

　設立の趣旨：過疎の農山村では、高齢化と担い手難により、林野や農地の荒廃が進み、持続的な生産環境や自然資源、生物多様性、美しい四季の景観などが失われつつあります。一方、過密の都市では自然との触れ合い体験の機会がなく、人工装置に囲まれた生活環境の中で、人間不信や人間疎外、無気力・無関心などが問題となっています。このような問題を解決するために、私たちは都市住民や青少年が農山村や自然地域で、環境保全や景観保全、生物多様性の保全・復元などのボランティア活動に参加できるシステムを、各地の活動団体との連携により

構築し、地球温暖化問題や食糧の安全保障なども視野に入れた活動を通して、広く公益の増進に貢献しようとするものです。

執筆者プロフィール（執筆順、所属は 2010 年 7 月現在）

重松 敏則（しげまつとしのり）　（上記の編者プロフィール参照）

佐藤 宣子（さとうのりこ）　九州大学大学院農学研究院 環境農学部門・教授、農学博士。大分県きのこ研究指導センター、九州大学農学部助手を経て、2007 年より現職。森林政策学、林業経済学が専門。2004 年から NPO 法人九州森林ネットワークの理事長として、地域連携を進める活動を展開中。

朝廣 和夫（あさひろかずお）　九州大学大学院芸術工学研究院 環境・遺産デザイン部門・准教授、博士（芸術工学）。ふくおか森づくりネットワーク代表、NPO 法人日本環境保全ボランティアネットワーク理事。九州芸術工科大学助手、ロンドン大学インペリアルカレッジ在外研究員などを経て、2009 年より現職。

上原 三知（うえはらみさと）　信州大学農学部森林科学科 助教、博士（芸術工学）、環境省環境カウンセラー。九州大学大学院芸術工学研究院博士後期課程終了後、神戸芸術工科大学デザイン学部 環境・建築デザイン学科（ランドスケープ担当）の助手を経て、2007 年より現職。

松延 康貴（まつのぶやすたか）　福岡県 県土整備部 北九州県土整備事務所。九州大学大学院芸術工学府において、山間集落流域の植生の変遷と、現存スギ・ヒノキ人工林の木材生産量やバイオマスエネルギー量、ならびに潜在的な棚田の作物生産量を把握するために、現地調査や航空写真判読解析等を行う。

藤井 義久（ふじいよしひさ）　九州林産（株）緑化部 管理グループ。博士（芸術工学）。火山里山

保全交流会 事務局。航空写真による竹林拡大の動向把握や、野外実験と植生調査に基づく効果的な伐竹方法を研究。九州大学ベンチャービジネスラボラトリー非常勤研究員等を経て、2010年4月より現職。

塚本　竜也（つかもと　りゅうや）　トチギ環境未来基地 代表、NPO法人NICE 副代表、若者自立塾・栃木 副塾長、NPO法人 とちぎボランティアネットワーク理事、とちぎユースサポーターズネットワーク共同代表、NPO法人日本環境保全ボランティアネットワーク理事。NPO法人NICE（2003年〜2008年 事務局長）。

小森　耕太（こもり　こうた）　山村塾 事務局、NPO法人日本環境保全ボランティアネットワーク理事、NPO法人森づくりフォーラム理事、NPO法人九州森林ネットワーク理事、森づくり安全技術・技能全国推進協議会理事。九州芸術工科大学環境設計学科を卒業後、2000年4月に八女郡黒木町に移住。様々な企画を立案し実行中。

志賀　壮史（しが　そうし）　こうのす里山くらぶ代表。博士（芸術工学）。NPO法人グリーンシティ福岡 理事、NPO法人日本環境保全ボランティアネットワーク理事。まちづくりや環境保全ボランティア活動を実践する。ファシリテーション技術の講習を全国各地で実施する一方、保全活動や環境教育のボランティア育成にも取り組む。

平　由以子（たいら　ゆいこ）　NPO法人循環生活研究所理事・事務局長、コンポストトレーナー、NPO法人日本環境保全ボランティアネットワーク理事、環境省環境カウンセラー、環境再生医環境教育部門中級。1995年ダンボールコンポストアドバイザー養成・支援システムを開始。全国に100人のアドバイザーとコンポストネットワークを構築、運営。

小野　仁（おの　ひとし）　（株）リクチコンサルタント技師長、九州大学大学院芸術工学研究院非常勤講師、技術士（建設部門、応用理学部門）、RCCM（道路部門、造園部門）、環境カウンセラー（市民部門）、自然観察指導員、ネーチャーゲーム指導員、日本野鳥の会福岡支部長、福岡県自然観察指導員連絡協議会事務局長など。

島谷 幸宏　九州大学大学院工学研究院 環境都市部門・教授、工学博士。建設省土木研究所、九州地方整備局の武雄河川事務所長を経て現職。専門は河川工学、河川環境。国土交通省多自然川づくり研究会座長、九州地方整備局風景委員会委員長、土木デザイン賞選考委員会委員長など。

林 博徳　九州大学大学院工学研究院 付属循環社会システム工学研究センター非常勤研究員。博士（工学）。河川の自然再生、住民参加の川づくりなどに関連する研究活動、社会貢献活動に取り組んでいる。多くの生物が当たり前に生息していて、人も楽しく利用することができる河川づくりを目指している。

皆川 朋子　福岡大学工学部 社会デザイン工学科 助教、博士（工学）。1992年に建設省入省後土木研究所、2001年（独）土木研究所自然共生研究センター主任研究員を経て現職。自然再生の基礎的研究や多摩川の河原の再生などにかかわる。現在は福岡において中小河川の再生、地域の川づくりなどに精力的に取り組んでいる。

渡辺 亮一　福岡大学工学部 社会デザイン工学科 准教授。九州大学大学院博士課程修了後、福岡大学工学部助手、併任講師等を経て、2009年4月より現職。水環境から水循環に至る都市域における流域システムに関する研究を行っており、また博多湾の環境についても市民参加の海援隊を組織し、調査研究に取り組んでいる。

志村 聖子　東京芸術大学音楽学部楽理科を卒業後、ピアノ演奏・講師活動に携わる。ロンドン大学オールドホールでのソロリサイタル、福岡県黒木町「里山コンサート」などに出演。現在、九州大学大学院芸術工学府修士課程に在学し、社会と芸術を結ぶためのアートマネジメントの調査研究、コンサートの企画に携わる。

よみがえれ里山・里地・里海
――里山・里地の変化と保全活動

2010年10月20日　初版発行

編者	重松敏則＋JCVN
発行者	土井二郎
発行所	築地書館株式会社
	東京都中央区築地 7-4-4-201　〒104-0045
	TEL 03-3542-3731　FAX 03-3541-5799
	http://www.tsukiji-shokan.co.jp/
	振替 00110-5-19057
印刷・製本	シナノ印刷株式会社
装丁	今東淳雄

©Toshinori Shigematsu, JCVN 2010 Printed in Japan.
ISBN 978-4-8067-1408-8　C0045

・本書の複写にかかる複製、上映、譲渡、公衆送信（送信可能化を含む）の各権利は築地書館株式会社が管理の委託を受けています。
・ JCOPY 〈(社) 出版者著作権管理機構 委託出版物〉
本書の無断複写は著作権法上での例外を除き禁じられています。複写される場合は、そのつど事前に、(社) 出版者著作権管理機構（電話 03-3513-6969、FAX 03-3513-6979、e-mail: info@jcopy.or.jp）の許諾を得てください。